好奇心旺盛な新大人世代のコミュニティに求められるものは？　個人の趣味や仕事だけにスポットをあてるのではなく、共通の趣味や価値観を共有する仲間と一緒に、心地よい時間を過ごすことができる場所。同時に異なる個性的な人々との出会い、刺激的な情報や新たな目標を見つけ実際に体験する場所でもあると考えます。

そんな好奇心を満たしてくれるコミュニティが『新大人』です。元々テレビ広告や雑誌広告モデルのサポートからはじまり、会員が２０００人を超える現在はイベント企画・開催、ワークショップや食事会まで、多岐にわたり、会員の好奇心を満たしてくれるコミュニティとなりました。

銀座にある事務所会議室に会員が集まり一つの企画が動き始めました。テーマは『一冊の本をつくる』でした。参加者は自分が読んでみたい、自身が出てみたい企画を提案し、そこから生まれたアイデアを元にできた本が『新大人図鑑』です。新大人の好奇心と笑顔のゆくさきをぜひご一読ください。

「新大人」に
興味がある方は
コチラから

contents

Seize the Day

笑顔と好奇心のゆくさき

趣味であっても仕事であっても
アクテビティが高く周りの人が
気になってしまう存在
でも本人はマイペースながらに、
全力で楽しんでいる
そんな好奇心と笑顔のもとに迫りました

NEW STANDERD St.Marunouchi

ファッションを楽しみ、続ける。自分らしさの重着

Column 笑顔のエッセンス

丸の内のストリートを歩く姿、
ストリートだからこそ分かる！
自然体でありながら溢れる個性、
新大人のファッションへのこだわりがここに

QOF
Quality of Fashion

「これまで母の介護が生活の中心で、九州の実家と東京の２拠点生活をしてましたが、母が亡くなり、いよいよ運営を手伝っていた両親のクリニック（皮膚科）の理事長になることになりました。医師でもない私が運営を担うことは並大抵ではなく、父と母の願いだったクリニックの存続のため、これまでも全力で頑張ってきましたが、これからは理事長として、働いてくれている従業員・スタッフ、クリニックを利用してくれる皆様のため、自分らしく頑張っていこうと思います。」

幸せとは、ポジティブな友人を持つこと

「この10年間、2週間おきに九州の実家に帰省し、両親が経営していたクリニック（皮膚科）の運営をしていました。父が亡くなり、母も闘病中だったので、クリニックを存続するためには私がやるしかなかった。」

中村さんは医師免許を持っていない。医師でもない人が、実の両親が経営していたとはいえ、クリニックを経営するというのは、きっと並大抵の努力ではなし得ないことだと思う。

「クリニックの存続は父と母の願いでしたから…かなり頑張りましたよ（笑）。実家で目一杯頑張って、東京ではリラックスする。じゃあ、リラックスするために、私には何が必要なのかって考えたら、友人達と楽しい時間を過ごすのが一番。『幸せとは、ポジティブな友人を持つこと』だってハーバード大学の幸せの研究でも判明しているそうですよ。頑張って、張りつめているばかりじゃ心と体の両方が壊れちゃう。私にとって友人との時間はとても大切なの。」

Seize the Day 01

頑張るばかりでは心と体が壊れちゃう

――友人たちとの楽しい時間が何より大切

中村 英理さん

Nakamura Eiri

Age 65

NR・サプリメントアドバイザー（日本臨床栄養協会・国立健康栄養研究所、認定）。医療法人理事長事(皮膚科クリニック経営)。CM、通販番組出演、読者モデル。「マダム・エイリ」としてYouTubeでも活躍中。

ファッションの情報は定期的にYouTubeで配信。コーディネイトはもちろん中村さん自身。

中村さんのデニムの着こなしは参考になること間違いなし。とてもキュートかつ、エレガントなのです。

Seize the Day 01

60歳から薔薇色に生きる『BARAIKI』

「YouTube の動画は、夫がカメラマンで、私が出演者。二人三脚で楽しく撮影してます。旅・健康・グルメ・ファッション・コスメなど、その時々で撮りたいものを撮ってYouTube に上げるって感じです。でも、私のYouTube チャンネルの真のテーマは『BARAIKI』。これは〝薔薇のように生きるための法則〟という意味です。」

薔薇のように艶やかに、美しく、それでいてちょっと棘もある…(笑)。そんな人生を歩まれているんですね。

「60歳を越えて、『薔薇のように生きる』って素敵でしょう(笑)。健康で、楽しく、美しく生きていたいから、健康にはとても気を遣っているし、コスメやファッションにも拘りを持っています。私が生活をエンジョイしていれば、見てくださる方たちに元気を届けられると思っているんです。」

中村さんが語る言葉には、不思議な説得力がありますね。

薔薇のように生きる
そう決めたんです。

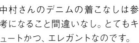

中村英理さんの美のこだわり

使い勝手のよい自然由来のものを

コスメはやっぱり自然由来のものを愛用するという中村さん。彼女の言葉を借りれば、それが「本物」。本気で体のことを考えるなら、「本物」は必須。

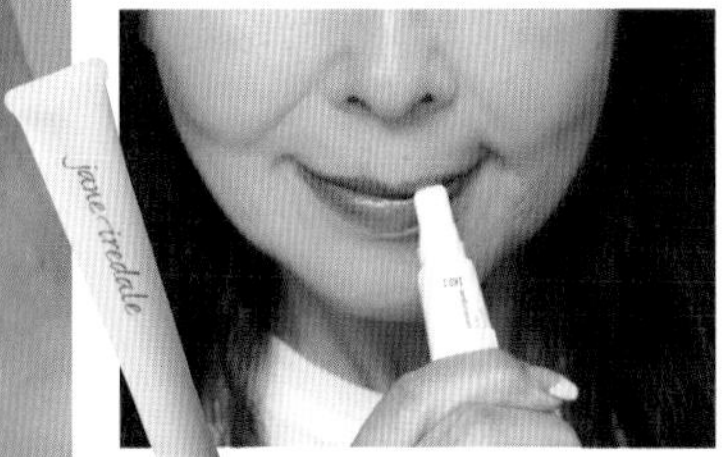

元々はヘアクリームなのに、ハンドクリームとしても使える…など、使い勝手の良さも愛用するポイント。

中村さんの食事に対する拘りは相当なもの。常夜鍋では豚肉はプリン体をカットする為に先に茹でておく。ほうれん草もシュウ酸を減らす為に先茹で。ポン酢に入れる大根おろしは食べる直前にすりおろす。大根おろしに入っている消化酵素は時間の経過と共に減少してしまうので、5分以内に食べないとダメだそう。

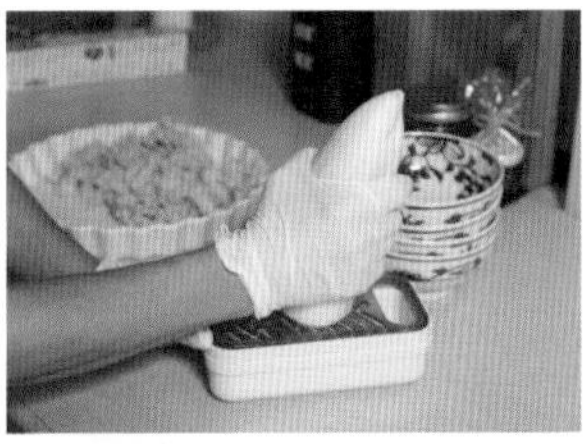

食事には特に拘りが本物を使うことが大事

「特に拘っているのは、お食事です。固定種から育てたお野菜のお料理、オーガニック、自然栽培など、種から拘ります。もちろん、調味料も。例えば、お醤油は熟成、蜂蜜は純正、お豆腐は丸大豆、油は圧搾など。本物を使うことが本当に大事。」

　中村さん自慢の料理は『常夜鍋』。毎晩食べても飽きないことが由来の鍋料理ですが、中村家の常夜鍋は一味違います。

「ウチでは皮を剥いたにんにく・しょうがを丸のまま、ゴロゴロと鍋に入れてお出汁をとります。もちろん、にんにく・しょうがは有機栽培のもので。このお鍋を食べれば、風邪なんか一発で治りますよ。免疫力が物凄くアップするんです。」

　実際にご馳走になりましたが、食べている内に体がポカポカして汗がダラダラ…代謝が促進された上に、味も最高でした。

「食材はもちろんだけど、コスメとか肌につけるものも、自然由来のものじゃないとダメ。本物を使うことが大事なの。」

歳を取ったことを理由に
色々なことを諦めたくない
今が人生で一番楽しい。

（写真／上）中村さんが理事を務める、原皮膚科医院の外観。（写真／下）クリニックの受付で業務に勤しむ中村さん。多忙の中にあっても理事としての仕事はしっかりこなす。

中村英理さん
Instagram @madameiri
YouTube『マダム・エイリ』
Blog『My Lovely days.』

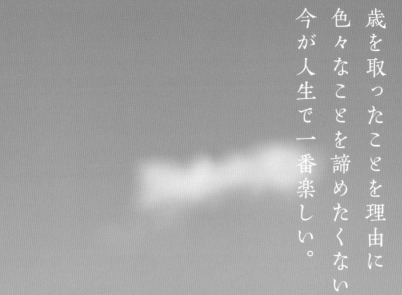

01

きちんと清楚を忘れない大人の上品力ジュアル

Coordination Comment

「今日は撮影場所が丸の内とのいうことなので、カジュアルでも丸の内らしい雰囲気を大切にしながらジーンズやスニーカーを合わせてみました」

Favorite item!

「青山一丁目にあるお店のLAKSHMIのジャケット。袖と胸元についたレースが涼しげなポイントになっています」

弓 のり子さん

Yumi Noriko Age 79

現在はジャズシンガーとして活動中ですが、長らくプロ司会者（JTプロダクション所属）もやっていました。

大川 あつ子さん

Okawa Atsuko Age 57

アラ還美容研究家・動物愛護活動家。1万人を診断した毛髪診断士認定指導講師。

02

心地よさとエレガンスで満たす自分だけのおしゃれ

Favorite item!

「キラキラしたものが好きなので、ヒールがお気に入りのポイントです。自分の足に合う靴を履くようにしています」

Coordination Comment

「オールシルクで仕立てたオーダーメイドのワンピースは着心地がよく、華やかな赤がお気に入りです。コートは重いと着疲れしてしまうので、薄手で軽いものを選んでいます」

Coordination Comment

「少し寒色に寄せてグリーン×白の組み合わせで季節感を演出しました。カーディガンとベレー帽のもこもこ感で冬っぽいかわいさを出しています」

Favorite item!

「ニットに合わせてモヘアのベレー帽にしました。帽子が好きなので、おしゃれをする時は、かぶることが多いです」

白のもこもこアイテムで冬のかわいらしさを満喫

03

山内 美由樹さん

Yamauchi Miyuki Age 56

トールペイント講師、絵手紙講師。

「新大人」に興味がある方はコチラから

Column01
笑顔のエッセンス
■推し活
推し：人や物、行為への愛情
新大人の最近ハマり続けている推し
新しくハマった推しをピックアップ

大島紬は「銀座結び」の練習に着て、自宅で補正なしでゆるっと着用。

世代を超えて着れる 大好きな着物×演奏会

――着物を着こなす時のポイントは？

洋服と同じでＴＰＯと季節感です。ポイントは衿元と衣紋の抜き具合、裾すぼまりにするのですが、やはり難しいです。

――お気に入りの着物は？

梅柄の着物は砥の粉色の地色と、控えめに梅が散っているところが好きです。ただし一番のお気に入りは祖母のお下がりの紅葉柄の着物で、地模様が綺麗なところと、ベースのグレージュ色、紅葉柄の色合いがお気に入りです。

――印象的だった演奏会は？

数年前に、びわ湖ホールのホワイエでシャンパンをいただいた、新春ウィンナーコンサートです。最後に「ラデツキー行進曲」で締めますが手拍子で一体感が味わえ『ああ、お正月だなぁ』と感じます。

大学生時に縫われたハイビスカス柄の浴衣。今では娘さんも時折着用。

イタリアにてお気に入りの梅柄の着物。

清水 生子さん
Shimizu Ikuko Age 56

５０代はチャレンジと学びの年代に設定。筋力と柔軟性維持に始めたバレエが楽しくて、人生３度目の発表会に挑み中。

球体関節人形の教室を主宰 国内外で活躍する人形作家

――印象に残るアートイベントは？

2010年にロシアのサンクトペテルブルグで開催された「Japan Art Collection　in Saint-Petersburg」という日本のアーティストの作品をロシアに紹介する国際交流イベントに人形を数点出展しました。季節は初夏の6月で真夜中でも空がうっすらと明るい白夜を初めて経験しました。当時のロシアはソ連崩壊後の一番平和で安定していた頃で、案内してくれたガイドさんをはじめイベントで知り合ったロシアの皆さんは優しい良い方ばかりで楽しい思い出で、かなり思い切ったロシア1人旅でしたが、今となっては貴重な体験でした。いつかまた平和が訪れてロシアに作品を飾れる日が来ることを祈るばかりです。

2022年アートフェア「アート・インターナショナル・チューリッヒ」にて。

2010年ロシアのサンクトペテルブルグ、日本のアートを紹介される「Japan Art Collection in Saint-Petersburg」にて。

2011年ハワイ・オアフ島の「Japanese Art Tapistry in Hawaii」にて。

渡辺 朋子さん
Watanabe Tomoko Age 66

作家名渡邊萠。美大の絵画科を卒業後、1986年から創作人形を作り始める。少女、動物をモチーフにした人形やレリーフを国内外の展覧会やアートイベントなどで作品を発表。現在川崎の読売カルチャーと北鎌倉で球体関節人形の教室を主宰。

HP http://artcommunity.kula-ladoll.com/
X @kulaladoll
Instagram moe.watanabe.79

——お料理の会「ひだまり会」について

朝食は食べず月の半分は昼夜外食という生活を続けていたのとストレスとで体調を崩し入院、退院後知人からバランスの取れた食事の必要性を教えて頂き3年間分子栄養学のセミナーに通いました。友人とデトックス料理の会を開きましたが、デトックスという言葉さえ知名度がなく人も集まらず場所をとるのも大変という時に、メンバーになって下さった方から社会福祉協議会の施設を紹介して頂き、月2回料理教室を主宰することになり15年が経ちました。今ではメンバーの皆様が楽しみにして下さり、率先して役割分担をして下さるので主宰者冥利に尽きます。

お料理の会主宰

和気藹々と笑顔のひととき

牧山 みどりさん

Makiyama Midori Age 79

旅行と新聞紙で作るコサージュが趣味の79歳。普通訳や翻訳をしていたこともありスペイン語が特技。

——最近始めた仕事について

大学卒業後8年間不動産会社に勤めていましたが、宅地建物取引士として30年ぶりにこの業界に戻り毎日が驚きの連続です。デジタル化が進み、スマホで物件検索した情報を持って来客される方が多いですし、一つの物件についても情報がデータ化され、パソコンを触れば知りたい情報が指一本で出てくる事に、浦島太郎が現代に来た気分で感動しています。毎回新しい事を教えていただくと、「この調子ではボケていられないなぁ。」とわくわくしています。作業が遅い私に我慢強く指導してくださる周りの方たちの時間を無駄にしないように…。若い頃は、「大丈夫。私大器晩成タイプだから」と言っていましたが、今は階段をかけ上がるように伸びていきたいと思います！（走る速度も今は落ちていますが…。）

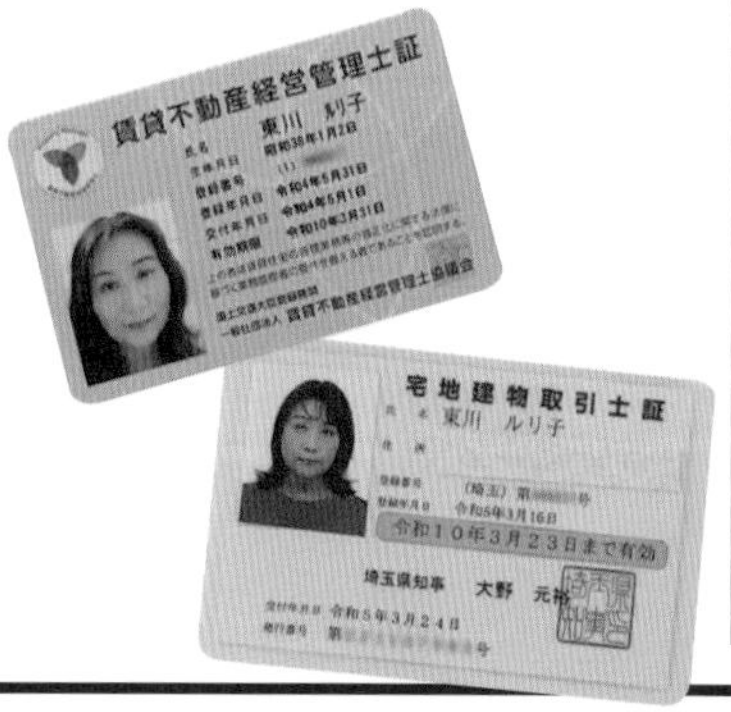

60歳で30年ぶりのOLへ

浦島太郎気分で感動の嵐

東川 ルリ子さん

Higashikawa Ruriko Age 60

優しい夫と、ボーイズグループ「ATEEZ」にハマらせてくれたしっかりしたものの娘と、がんばり屋の息子の4人家族。

石を選ぶ時は

『直感』で選びます。

——ピアスやブレスレットを作成するときのこだわりは？

仕事帰りなどに、天然石のお店に石を選びに行きます。シンプルで可愛い感じが好きなので、あまり派手すぎず地味にならない様にこだわります。自分で使ったりもしますが、友達にもプレゼントをする事が多いので、友達のイメージに合う、石の色や形、大きさ等デザインを考えて作成します。

秋 翔子さん

Aki Shoko Age 54

時間がある時に楽しむ趣味のアクセサリー作り。

「新大人」に興味がある方はコチラから

Seize the Day 02

こだわり抜いて なにごとにも高みを目指す

いつだって妥協しない極める人

国際線のキャビンアテンダントとしてバリバリに働きながら育児も一切の手を抜かず、公私ともに大充実で駆け抜けた20～40歳代。50歳を過ぎて今もなおバイタリティ溢れ、そのアクティブさと頼もしさで周りを明るく笑顔にしてくれる石神なほみさんの元気の秘訣とは。

石神なほみさん

Ishigami Nahomi

Age 58

国際線のCAをする傍ら読者モデルとして『CanCam』を始めとする数々の雑誌で活躍後、現在はミセスモデル、TV通販商品コメンテーター、コスメコンシェルジュアンバサダー、発酵食講師等様々な分野で活動中。

好きはとことん追求し、毎日を精一杯駆け抜ける

50歳からミセスモデル、通販番組にご出演ときくと、子育てから解放されて第二の人生で一念発起…そんな先入観を抱いてしまう方もいるかもしれないが、お話を伺ってみると、石神さんの人生は育児で仕事やりたいことが制限されることは全くなく、驚くほどにアクティブで大充実、目まぐるしい忙しさであった。国際線のCAを21年間とさらっとおっしゃるが、育児と世界を飛び回る仕事を両立させるのは並大抵のことではないと察しがつく。マネジメントスキル・完璧主義タイプ・体力気力のどれが欠けてもなし得なかったことだろう。仕事で飛び回りながらも育児も家事もきっちり！食に関してだけでも日々の献立やお弁当に冷凍食品は使わず、お惣菜も買わない、おせちも三段重を毎年手作りと徹底している。家事も育児も仕事も全て完全両立！

彼女は極める人でもある。美容に興味があるのでコスメコン

ゲストへのおもてなし×ライブ配信を自然体で立ちまわり楽しみ尽くす

配信を見に来てくださる方のお子さんのお誕生日もお祝いしようと、ケーキとプレートを用意する気遣いが素敵。

茶目っ気、サービス精神も旺盛な石神さん。ライブ配信サービス「SHOWROOM」の配信者でもある彼女のオフ会。

シェルジュに、ワインが好きなのでソムリエの資格、ワンちゃんを飼うだけではなく保護犬のボランティアにも勤しむ等、何事も好きなことにこだわって突き詰める。着物もその一つ。好きから始まり、今や普段着のように10分で着付け完了。取材日も御召（おめし）に手刺繍を施した最上級の着物に帯の格をあえてカジュアルダウンさせて普段使い。知識がふんだんにあるから様々にアレンジできる粋な着こなしが彼女流。もちろん努力の賜物であるが、ミセスなでしこ日本2020（着物の大会）でグランプリも獲得し、着付け師の資格も取得した。着物をもっと気軽に着られるようお手伝いしたいと笑顔で語ってくれた。

一家に一人居てほしい超ポジティブ人間

スーパーウーマンここに現われりと恐縮してしまうほどだが、それでいて驕り高ぶることなく誰にでも気さくにお話してくださる石神さんは、忙しい合間を縫って流行りのライブ配信もこなすツワモノ。ハロウィンと彼女の誕生日パーティーも兼ねたオフ会は、大盛り上がりだった。「常に気遣い、目配り、心配りを忘れない、まさに大和撫子」と配信で交流のあるオフ会参加者は言う。「一家に1人ほしい石神さん!」なんておっしゃる方もいるくらい。冗談でなく、思わず頷いてしまうほど、彼女と配信やオフ会で交流していると、いつしか前向きな気持ちになれて明日への活力となる。〝スーパーポジティブ人間〟と御本人がおっしゃる通り、パワフルで皆を巻き込む力と華があるのだ。

毎日大充実の彼女だが、「調理師免許を取得できたら小料理屋を開いてみたい、得意の家庭料理を振る舞って皆と楽しく過ごせたら」と今後のビジョンについても語ってくれた。アクティブな彼女ならその夢も難なく叶えられそうな気がする。現状に満足して立ち止まることは決してなく、常にアップデートし続ける石神さんから目が離せない!

石神なほみさんの美のこだわり

再注目されている 発酵食・味噌

極める石神さんは素材からこだわり、味噌も手作り。体調が優れない時には毎日お味噌汁で菌活。食べる事から美しく、若々しく健康でいる生活をすることを心がけ、毎日の食事を大切にしている。

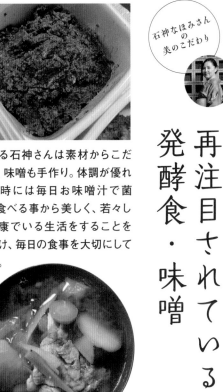

人にも着せてあげたくて
着付け師として
毎日着付けの練習中

石神 なほみさん
Instagram @nahomi139
X（旧Twitter） @nahomi139139
SHOWROOM なほねぇの大人の時間

04

ダンスで鍛えた立ち姿に似合う マリリン・モンロージャケット

浅田 三知子さん

Asada Michiko Age 66

自営業。アパレルに30年勤めていた。アパレルサンプルモデルをしていたことも。現在、ダンサー。ラテンジャズ歴は40年ほどになる。

Favorite item!

「マリリン・モンロープリントの服がお気に入りです。コートとお揃いのジャケットは裏地にプリントが入っています」

Coordination Comment

「日本のブランド・レジィーナロマンティコのモンロー柄アイテムでマニッシュな秋ファッション。ダンスをしているのでこういうハンサムなスタイルが好きです」

05

黒の革ジャンをメインにした クールビューティー

堤 絵里子さん

Tsutsumi Eriko Age 52

モデル。インスタグラマー。2020ミセスグローバルアースジャパン初代グランプリ獲得がきっかけでウォーキング講師に転身。「Optimistic Beauty Style」主宰。

Favorite item!

「イヴ・サンローランのバッグは主人からの結婚記念日の贈り物。いつも身に着けていられるミニバッグは便利ですね。」

Coordination Comment

「ZARAはトレンド感がありながら、リーズナブルなので好きです。今日のファッションもZARAがメインで、足元は履き心地の良いハイヒールのCOMEXです」

天羽 よしえさん

Amou Yoshie Age 60

派遣で事務職として働きながら、フリーのモデルとしても活動中。

06

パステルコーディネートをブラックのレザーで引き締める

Favorite item!

「姉からのおさがりのフェラガモのバッグです。スッキリしていて上品なのでどんな装いにも合わせやすいです。」

Coordination Comment

「撮影場所の東京・丸の内への街ブラがテーマのコーデ。物を大切に使うタイプなので、フェラガモのバッグも靴も現役です。還暦は赤いドレスに挑戦したいです！」

Coordination Comment

「ファーベストとロングブーツを組み合わせて、秋冬らしいスタイルにしてみました。季節感が演出できればと、色も濃淡のある茶系のアイテムをチョイスしています」

ボリュームのあるファースタイルでショートパンツとバランス調整

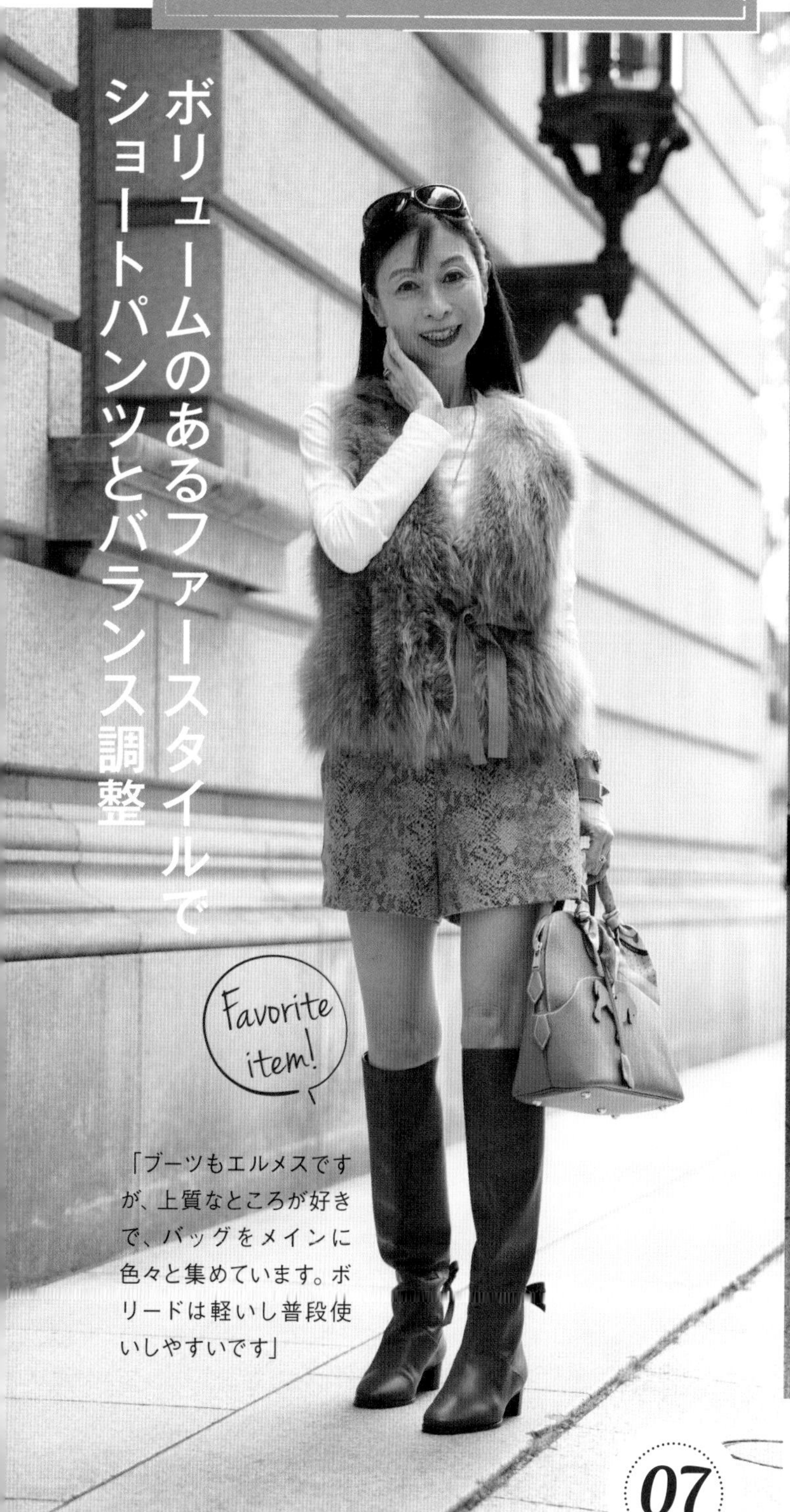

Favorite item!

「ブーツもエルメスですが、上質なところが好きで、バッグをメインに色々と集めています。ボリードは軽いし普段使いしやすいです」

07

山城 ゆみ子さん

Yamashiro Yumiko Age 58

フラワーアレンジメントサロン主宰。

「STORY」「美ST」等の読者モデル。

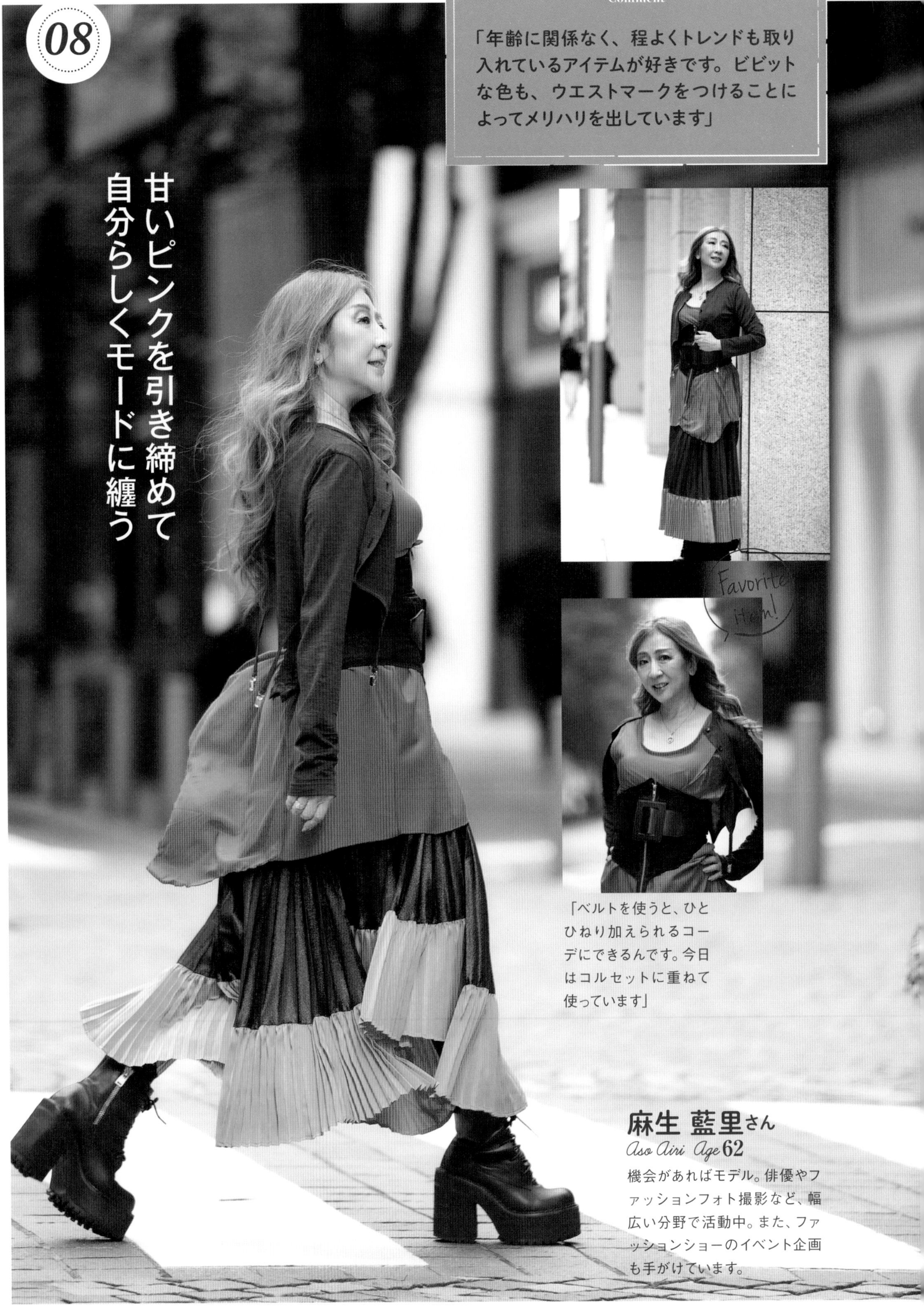

08

甘いピンクを引き締めて自分らしくモードに纏う

Coordination Comment

「年齢に関係なく、程よくトレンドも取り入れているアイテムが好きです。ビビットな色も、ウエストマークをつけることによってメリハリを出しています」

「ベルトを使うと、ひとひねり加えられるコーデにできるんです。今日はコルセットに重ねて使っています」

麻生 藍里さん
Aso Airi Age 62
機会があればモデル。俳優やファッションフォト撮影など、幅広い分野で活動中。また、ファッションショーのイベント企画も手がけています。

QOF

Quality of Fashion

いつもと違う装い

リアルクローズから個性派ブランドで自分を変える楽しみ

歳を重ねると冒険しにくくなる。特にファッションでは今までの経験から、「こんなテイストの服は似合わない、これは若い人向け」と、自身の好みも似合う服も知り尽くした知識豊富な自分が囁き、ついつい枠にはまったいつもの感じにまとまってしまう。もちろんいつもの感じの服は似合うし、安心感もこの上ないけれど、今更ながら、いえ、今だからこそ、これまでトライしてこなかったスルーしてきたブランドやコーディネートに身を包み、殻を破ってみませんか。そこには意外な嬉しい発見があり、新たな自分もきっと見つかるはず。

SOÉJU
KILKI
nest Robe
DoCLASSE
ENTO
NARU FACTORY
matohu

SOÉJU

{ ■ ソージュ ■ }

ライフスタイルの「基（ベース）」になる装いを。過剰な飾りやロゴを余分なものとして省き、「基」となる美しさを追い求める。東京・代官山に予約制の試着サロンを構えるSOÉJU（ソージュ）は、以下の3つのlessがコンセプト。Sceneを〝less〟に（どんなシーンでも着られる）・Ageを〝less〟に（いくつになっても着られる）・Priceを〝less〟に（着心地を優先し価格も抑える）。

Hair styling and makeup points

ヘアスタイリング＆メイクポイント

ナチュラルな色味に際立つリップ

ベリー系のリップをポンッと目立たせるように他はナチュラルな雰囲気にしました。目元は牧山さんの瞳の色に合わせてグレーブルーに。

淡い色でのエレガンスは乙女なのにかっこいい

カッコいい中に
女性らしさのある
モードなレディ
ファッション

牧山みどりさん

Makiyama Midori Age 79

独学でスペイン語を極め、翻訳・通訳の仕事をしていた経験も。現在は自身がメニューを考えたヘルシーで美味しくて健康に良いお料理の会を月に1回東京・成城で主宰している。

普段から黒やネイビーなどの落ち着いた色を好む方にとって淡い色を取り入れることは一見ハードルが高いかもしれません。だからこそ、甘い色への挑戦は新たな魅力を引き立てるチャンス。牧山さんにチャレンジしてもらったコーディネートは、そんな淡色をメインにした大人かっこいいエレガントスタイル。牧山さんのスタイルをいかしたジレコートは、羽織るだけでおしゃれ感が作れるだけでなく、気になる体型もカバーしてくれます。ポイントとしては、ブラウスのタイをリボン結びにせず、あえて片結びで垂らすことでよりスタイリッシュな雰囲気へ。ピンクも優しい色合いなので、可愛くなり過ぎることなく新大人世代にもぴったり。お友達とのランチはもちろん、展覧会や観劇など、さまざまなシーンにおすすめのスタイルです。

イヤリング：牧山みどりさん私物
パンプス：スタイリスト私物

SOÉJU

Coordinating items

6.Knit

4.Gilet

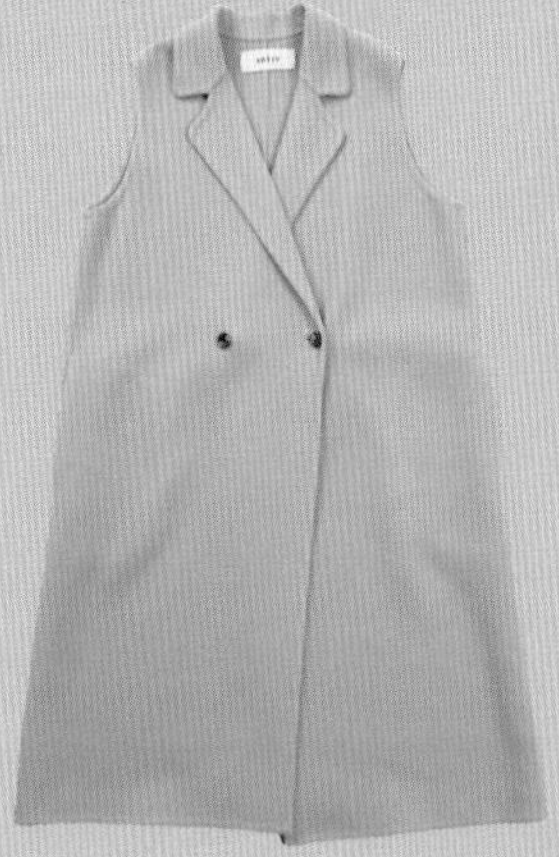

1.Blouse

7.Pants

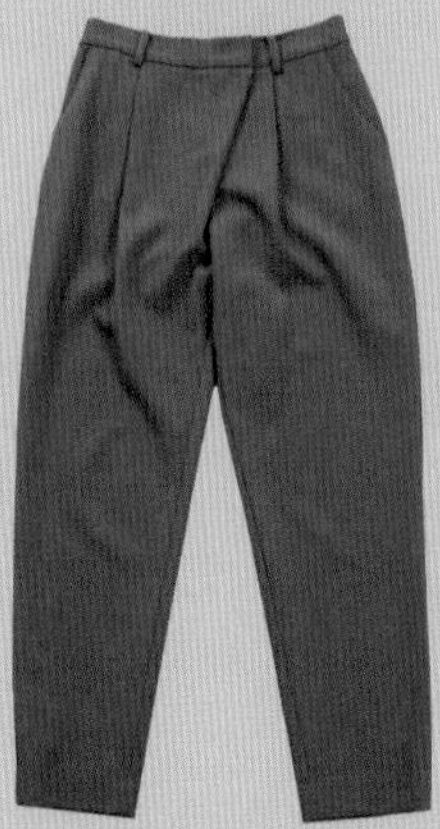

2.Pants

5.Coat

8.Bag

3.Bag

1.Blouse_シルクを92%も使用したストレッチブラウスはボウタイ付きでエレガントさを演出。ボウタイを取り外し、スタンドカラーとしても。¥22,000　2.Pants_年齢問わず穿くことができるサイドタック入りのワイドパンツ。縦に入ったドレープですっきり細見えし、すとんと下に落ちるシルエットとややハイウエストデザインが脚を長く見せる。¥14,300　3.Bag_65%以上が自然由来の材料でできている環境に配慮したヴィーガンレザーを用いた軽量で使いやすい3WAYバッグはクラッチ、トート、ショルダーとして。タテ28.5㎝×ヨコ36.5㎝。¥9,790　4.Gilet_ストレートなシルエットでスタイルアップが叶うウールリバーロングジレ。厳選したオーストラリア羊毛を用い、軽さと滑らかさを重視。¥28,600
5.Coat_ソージュの冬の定番・ウールリバーコート。オーストラリア羊毛で仕上げ、マシュマロのような柔らかな手触り。ミントカラーがクールな雰囲気を演出。¥39,600　6.Knit_カシミヤを混紡した滑らかな手触りが心地良いタートルネックカットソー。コットン80%／カシミヤ20%。¥9,900　7.Pants_ウールライクタックパンツ。程よくゆとりがありながら裾に向かって細くなるテーパードでスタイルアップが叶う。フランスCARREMAN社のスーツ素材のような生地を使用。¥16,500　8.Bag_セルロース・さとうきび・てんさい等、65%以上を自然由来の原料で仕上げたヴィーガンレザートートバッグ。1mmと厚みのある素材感が嬉しい。13インチノートPCやA4ファイル収納できる縦長サイズ。タテ39㎝×ヨコ33㎝。¥8,690

SHOP INFORMATION／ソージュ オンラインストア　電話：03-6416-3089
お問い合わせ・ONLINE STORE▷

着回し力抜群の
クールなミント色の
コート！

SOÉJU

知的でちょっと優しい新大人世代のマニッシュ

Hair styling and makeup points

ヘアスタイリング＆メイクポイント

コートに合わせたクール女子!

あえて目元は茶で、口元はヌーディ系にしています。タートルネックなのでお顔周りをスッキリ見せるためにアップスタイルのヘアにしました。

森さんの凛とした美しさを引き立てつつ、可愛らしさも演出したコーディネート。ベースとなるのはグレーカラー。スタイリッシュでミニマル、なにより知的な印象を持つグレーは、とても汎用性の高いカラーです。とくに冬は、コーデに取り入れるだけでセンスのいいこなれた雰囲気がつくれます。ただし、一定の年齢を超えると、そのスタイリッシュな印象がきつそうなイメージへと直結してしまうことも。そこで、一緒に組み合わせたいのがミントグリーンのコート。全体のコントラストが柔らかいので、ほのかに色を加えるだけでも明るさがアップします。また、タックパンツも腰回りを隠すのに便利。足元をすっきりと見せ、スタイルアップ効果も抜群です。オフィスカジュアルはもちろん、ジュエリーや小物で彩ることで、お出かけの日にもピッタリの装いに。

森 ひかりさん

Mori Hikari Age 58

美容モデル。4人組ユニット「イケ魔女」のメンバーとしてInstagramをメインに活動中。日曜日は素材にこだわったパンを作り、自宅の前で販売している。

イヤリング：森ひかりさん私物
ブーツ：スタイリスト私物

KILKI

{ ■ キルキー ■ }

大人可愛いナチュラルなブランド・KILKI（キルキー）は、大人の女性が着たいと思える柄プリントの服が豊富。柄を活かした個性的なデザインに天然素材を使用し、着心地と個性が両立した仕上がりに。ふんわりとしたシルエットのワンピースや、コーデに映えるトップスなどは大人の女性にもおすすめ。大人可愛いデザインの服を探すなら、キルキー!

絵本の世界から飛び出した かわいい服を日常に

Hair styling and makeup points

ヘアスタイリング＆メイクポイント

遊び心を加えて とびきりキュートに!

お洋服に遊びがあるので、髪の毛はいつものストレートではなく、遊びがある感じに。キュートな印象にするため、ピンクも良いですが、お顔的にオレンジも似合うのでそれ系のメイクにしました。

西條 よう子さん

Saijo Yoko Age 64

孫は小学校5年生〜3歳までの4人。家庭菜園にハマっていて、今年の夏はトマトやナスの他、キュウリが豊作で100本以上収穫。大根と玉ねぎに挑戦中。趣味のヨガも楽しみ。

ブーツ：スタイリスト私物

いつまでも少女のように
キュンとするワンピースを

絵本の1ページを切り取ったような巻きスカートがかわいいひとつめのコーディネート。北欧テイストの絵柄と、落ち着いた色合いのカーディガンを組み合わせることで、子供っぽさを避けつつも、かわいいスタイルを楽しむことができます。ふたつめは本の柄がプリンされたワンピース。普段、シンプルなデザインを選ぶことが多い方も、ワンピースなら柄モノにも挑戦できるんじゃないでしょうか。首回りに落ち着いた色のストールを加えれば、「柄が似合わない」なんて悩みも解決できます。西條さんのようなショートカットにもよく合う可愛らしい雰囲気に。10代も50代も自分が〝かわいい〟と思うものはずっと変わらないものです。でも若くはないし……と年のせいにするのはもったいない！　おしゃれこそ、年齢の壁を越えて楽しんだもん勝ちです。

普段は
あまり着ませんが、
柄プリントも
ステキかも

ブーツ：スタイリスト私物

KILKI

Coordinating items

3.Dress

1.Cardigan

4.Shawl

2.Skirt

1.Cardigan_ラグランスリーブ仕様で着心地がラクなふわっとしたニットカーディガンは、ネイビーとカーキのバイカラーが季節感を高める。¥14,300　2.Skirt_スカート全体を空に見立て、まるで雪が降っているかのようなドット柄をプリントし、裾辺りには落書き風の家プリント。コットン100%。¥13,200　3.Dress_かわいらしい色使いの本がずらりと並んだ珍しい柄。襟・前立て・カフスは白の切り替えを施し、遊び心をプラス。コントラストが美しいネイビーカラー。コットン100%のサテン素材で上品な光沢感がある。¥14,300　4.Shawl_大胆な柄使いが目を引くジオメトリー柄のショール。アクリル100%でふんわりと柔らかく、保温性に優れている。インド製のハンドメイド品。¥5,500

SHOP INFORMATION／株式会社ホリデー商店　電話：03-6805-9804　メール：info@holiday-shoten.com
◁ONLINE STORE

nest Robe

{ ■ ネストローブ ■ }

1950年創業の縫製工場による2005年スタートの自社ブランド。日本製の天然素材の服にこだわり、高いクオリティの服をリーズナブルな価格で提供。通常リネンは春夏の素材と思われがちだが、厚手のリネンで秋冬アイテムのコートを作ったところ、大ヒットし、リネンに特化するようになった。天然素材でトラッドなテイストの服に定評がある。

Hair styling and makeup points

ヘアスタイリング & メイクポイント

ヘアメイクのテーマはオーガニック!!

モデルさんの良さを引き出すようなヘアメイクを心がけ、自然と共存する人のようなイメージに。髪もメイクも手をあまり加えずあえてナチュラルにしています。

憧れのカントリードレスで 寒い冬もほっこり幸せ

「赤毛のアン」や「大草原の小さな家」など、子どもの時に見ていた名作にはカントリーファッションがつきもの。お人形さんみたいにかわいい洋服としての憧れていたおしゃれだって、新大人世代の今こそ楽しむタイミングです。リネンのワンピースの上にエプロンワンピースを重ねて、さらにブラウスとざっくり編みのニットをレイヤード。袖口や首元から見えるフリルがさりげなくキュートなワンポイントに。温かみのある白に包まれたワントーンは、冬でもほっこりとした気持ちにさせてくれます。仕上げにカンカン帽を合わせれば世界観は完璧ですが、あえてボルサリーノを合わせることで一気にモダンな印象へ。かわいいけど、大人っぽくえかっこいい。そして、前田さんのおおらかな魅力が増したカントリースタイルに仕上がりました。

帽子、スカーフ：前田珠美さん私物
ブーツ：スタイリスト私物

前田 珠美さん
Maeda Tamami Age 55
フランス・パリが大好きで1人で住んでいたこともあるくらい。スターバックスコーヒーのぬいぐるみ・ベアリスタの収集家で、30体所有し、今季も発売初日にGET。今はゴルフに夢中。

nest Robe

Coordinating items

3.Dress

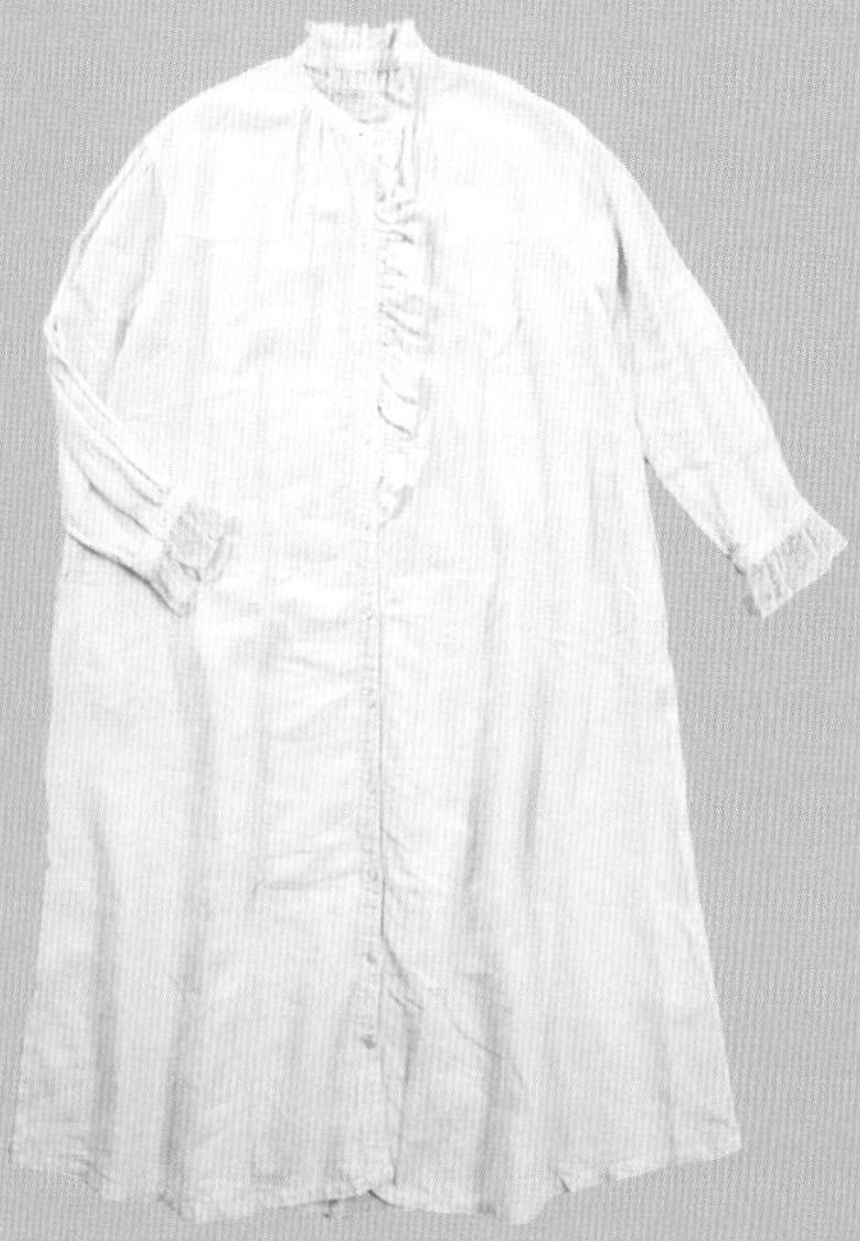

1.Knit

4.Dress

2.Blouse

白でまとめるのは
新鮮ですね

1.Knit_ペルー南部の集落で編まれたハンドニット。キーネックを採用することで、こなれ感があり、襟にポイントのあるブラウスなどをインナーとして活用できる。ウール100%。¥31,900　**2.Blouse_**ゆったりシルエットにアシンメトリーなフリルデザイン。¥25,300　**3.Dress_**フリルの端に細幅のレースをあしらった襟が特徴的のリネン×レースドレスは、古い時代の東欧の伝統衣装をインスパイア。ネストローブの定番である平織りリネン近江晒しを使用している。麻100%。レース部分はコットン100%。¥34,100　**4.Dress_**20世紀初頭のイギリスで見られたエプロンワンピースから着想し仕上げたヘビーリネン×ブロード エプロンドレス。ワンピースにオンするなど、レイヤードスタイルに重宝する。¥31,900

SHOP INFORMATION／nest Robe PRESS ROOM　電話：03-5785-3908
お問い合わせ・ONLINE STORE▷

DoCLASSE

{ ■ ドゥクラッセ ■ }

40代50代と年齢を重ねた大人の女性・男性がさらに輝くために2007年創業したブランド、DoCLASSE（ドゥクラッセ）。楽に着られて「ワンサイズ細く見える服づくり」をモットーに、ブランド独自の立体裁断や延べ30人以上の試着からの修正を経て、「動きやすい、なのにいつも着るより細く見える!」と感じる服を完成させる。

いつも着る服だからこそ気分が上がるポイントを

Hair styling and makeup points

ヘアスタイリング＆メイクポイント

エレガントさをグッと引き上げる

スッキリコーデなのでメイクは大人っぽく・色っぽく・艶っぽく。口紅は濃いめをチョイスしています。髪の毛はまとめてエレガントさをUP!

松島 順子さん

Matsushima Junko Age **61**

20代の頃より「JJ」読者モデルとして活躍し、「VERY」「STORY」「HERS」のモデルも経験。CMにも出演。趣味はテニスとヨガ。毎日ヨガをしており、ヨガインストラクターとして活動している。

シューズ：スタイリスト私物

大人の気品が溢れだす パリジェンヌな日常着

Hair styling and makeup points

ヘアスタイリング＆メイクポイント

家庭も仕事も デキル女

エレガントでありながら、知的さが出るよう意識しました。アイメイクのベースはピンクで、目の際は茶色だと派手になるので、コルクカラーを選択しています。

このコート欲しい！ 冬の街に 映えそうです

サイドにプリーツのディテールが入ったニットなら、黒パンとのベーシックな組み合わせも清楚でエレガント。こんな風にシンプルだけどほどよいフェミニンさが演出できるアイテムが、冬のカジュアルには重宝します。アクセサリーや小物の合わせ方によっても印象チェンジしやすく、アウターを羽織ったときも干渉しないので着回しもしやすいです。もうひとつのコーデは、鮮やかな色のコートを差し色にしたきれいめスタイル。ゆったりとしたシルエットで着心地も軽く、無理なくお洒落見せできるのが嬉しいポイント。ベースとなるニットとスカートがシックな色合いなので、気取った印象をもたせずに華やかさを醸し出せます。どちらの着こなしも、松島さんの気品があってチャーミングな雰囲気を引き立てるコーディネートです。

イヤリング、ネックレス：松島順子私物
ブーツ：スタイリスト私物

DoCLASSE

Coordinating items

3.Coat

1.Knit

4.Knit

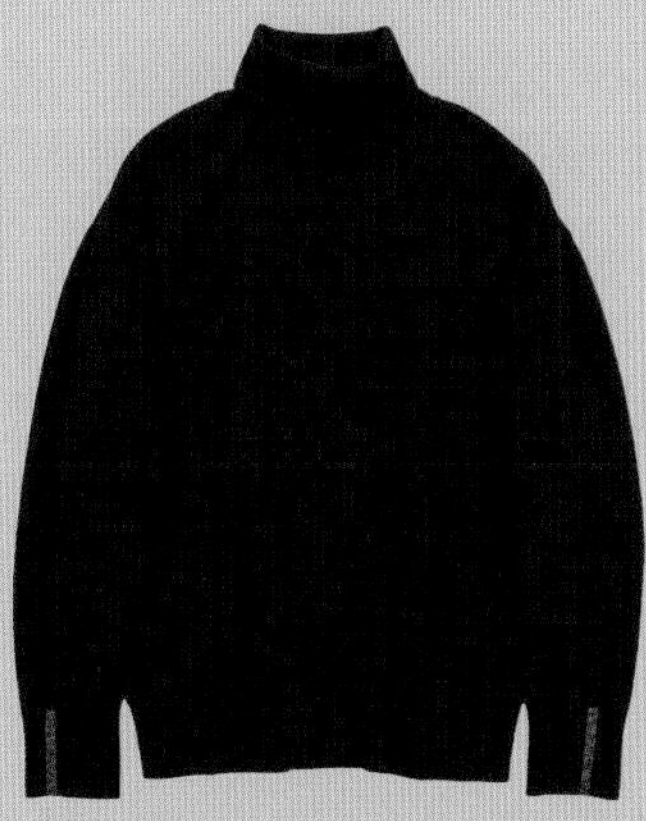

2.Pants

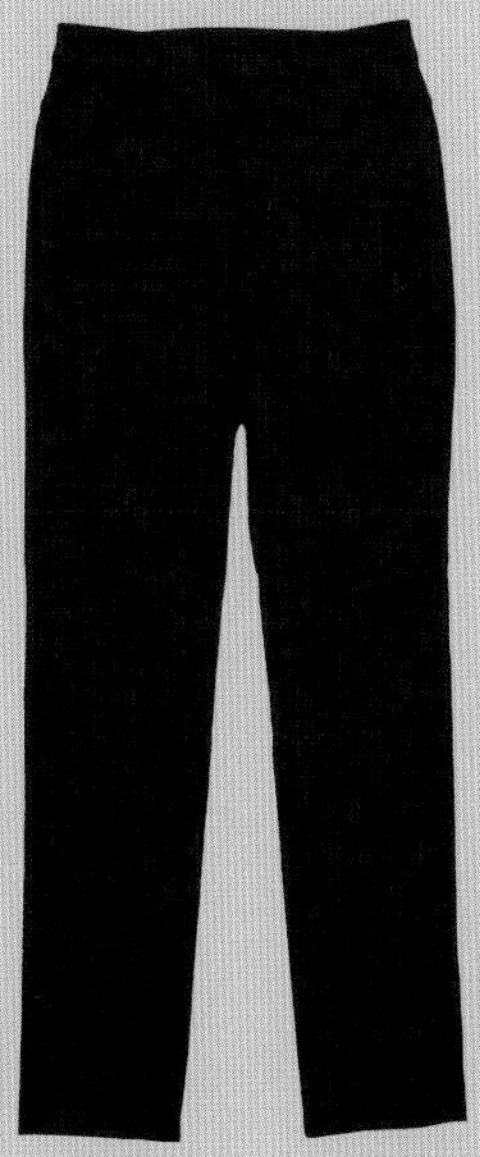

5.Skirt

1.Knit_ウール混のサイドプリーツチュニック。サイドに光沢のあるニットプリーツを採用することで気になるボディの幅をカモフラージュしてくれる効果あり。¥8,789　2.Pants_のびのびと動くことができ、美脚にもなれるミラクルストレッチスリムパンツ。ヨガのポーズも余裕でできる130%ストレッチ。¥6,589　3.Coat_オーストラリア・ジーロン地方で育った生後6か月の羊毛「ジーロンラム」とカシミヤをブレンドしたウールリバーコート。美しいターコイズカラーに目を奪われる。¥32,890　4.Knit_薄手の天竺編みタートルネックニット。袖口にオーロラのように多彩に輝くビーズを手刺繍。¥6,589　5.Skirt_ウールライク素材のスカートは腰回りに細かなプリーツが入り、ふわりとしたシルエットを構築している。¥10,989

ENTO

{ ■ エント ■ }

質の良さと機能的なデザインで長く愛着を持てる一着に出会えるENTO（エント）。“日常に、わたしだけの小さなこだわりを”をコンセプトに、日常使いができるシンプルさと機能性、生地感やバランスを大事にしながら、主役にも脇役にもなれるオシャレなアイテムを取り揃える。さりげないディテールなど、こっそりとテンションの上がる“小さなこだわり”が満載。

モノトーンに差す色の魔法 パリマダムのおしゃれ術

Hair styling and makeup points

ヘアスタイリング＆メイクポイント

クールエレガントな外ハネヘア

カジュアル感を出すために外ハネヘアにしました。メイクは服の青色に合わせて青み系ピンクをメインにし、クールエレガントに仕上げています。

顔周りに色を添えるだけで
ミニマルな装いが輝く

動きやすくて
元気が出る
コーデですね！

年を重ねるごとにおしゃれに箔がつくパリのマダムたち。シンプルなのに雰囲気のある彼女たちが、おしゃれをする上で大事にしていることは、着飾りすぎないこと。70代の浅見さんにも、そんなスタイルに挑戦しました。どちらもモノトーンをベースに青を差し色にしたコーディネート。色をたくさん使わないのも、パリマダムの基本です。色でも柄でも、どこかにワンポイント目を引くアクセントを付けるだけでも、グッとこなれ感が生まれます。パンツスタイルでは、上に重めの色を持ってきているので下は明るく。カーディガンに合わせた色で、足元は楽しげに。ワンピーススタイルでは、インナーに鮮やかな色をもってくることで、顔周りを明るくきれいに見せてくれます。お孫さんとの買い物や、お友達とのランチに着ていきたいスタイルです。

浅見 恵子さん
Asami Keiko Age 76

60歳を過ぎてから演劇を始め、舞台に出演するようになった。ラジオ（ナレーション）の仕事も経験あり。趣味は料理・陶芸・フランスキルト・朗読。健康のために趣味だったゴルフを再開。

ENTO

Coordinating items

7.Blouson

8.Pullover

9.Dress

4.Pants

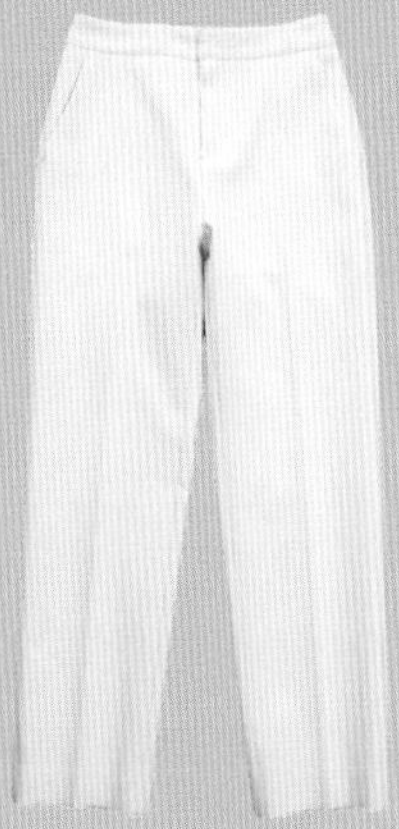

5.Shoes

6.Shoes

1.Coat

2.Cardigan

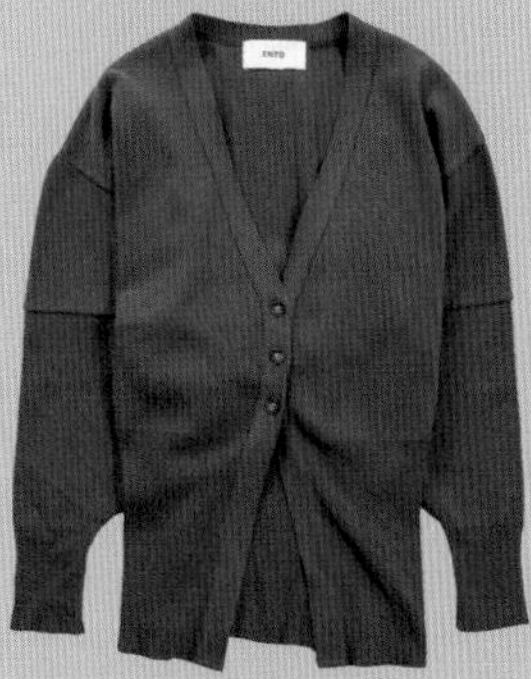

3.Pullover

1.Coat_重ねる順番を変えたりそれぞれ単体で着用したりと、様々な形にトランスフォームするマルチWAYの万能コート。ショート丈のボレロとロングジレを重ねたデザイン。ポリエステル100%素材。¥39,600　2.Cardigan_オーガニックコットン95%を使った着心地の良いカーディガンは、ボリュームのある袖や長めの裾リブがポイント。¥18,700　3.Pullover_透け感がオシャレなナイロン製プルオーバー。袖口はサムホール。¥12,650　4.Pants_リサイクルペットボトル素材を100%使用したサステナブルなキルト風テーパードパンツ。シワになりにくいポリエステル100%。スノーカラー。¥19,800　5.Shoes_スエード調のポインテッドシューズ。¥12,100 (farfalle)　6.Shoes_適度な光沢感のある白のローファー。¥12,100 (farfalle)　7.Blouson_コーチ風ジャケットは、耐水性・耐久性に優れるナイロン100%素材。軽くてしっかりとしたハリがあり、マットな生地感。¥19,800　8.Pullover_透かし模様と綺麗な色味がポイント。ストレッチが効いている。¥12,650　9.Dress_前後どちらも着られる2WAYで、深めのVネックと裾スリットが楽しめる着回し力抜群のブラックのワンピース。¥19,800

SHOP INFORMATION／ENTO (株式会社クロシェ)
お問い合わせ・ONLINE STORE▷

NARU FACTORY

{ ■ ナルファクトリー ■ }

70年にわたり、日本で服を作り続けるメーカーによるNARU FACTORY(ナルファクトリー)は、年齢に縛られないエイジレスで着心地良くクオリティの高いアイテムが揃う。「一生に寄り添う服」をコンセプトに、日本製の服を日本だけでなく世界からあこがれるようなファッションや生き方を提案できるブランドでありたいと真摯な服作りをしている。

Hair styling and makeup points

ヘアスタイリング＆メイクポイント

装いに合わせた ニュアンス女子

ファッションに似合うよう、ヘアはくせ毛風な雰囲気を演出し、ゆるっとなニュアンスを出しました。メイクもかわいく仕上げています。

平松 亜紀さん

Hiaramatsu Aki Age 55

肌質に合うスキンケアやセルフケアで美肌に整える「一生もの美肌メゾット」を考案し、スキンケア講師として活動。第11回ミセス日本グランプリファイナリスト。コスメコンシェルジュ。

エイジレスでありたいから
自然な〝かわいい〟に出会う

忙しい毎日を送る新大人世代にとって、1枚でコーディネートが完成するワンピースは頼りになるパートナー。大きめのドット柄がレトロな雰囲気を醸し、可愛らしさがありながらも大人っぽく上品に着こなせます。全体的にゆったりとしたシルエットなので、タートルネックやシャツとのレイヤードでアレンジしたり、カラータイツで個性的な装いにもチャレンジできます。ワンピースに合わせるのは、お尻が隠れる程よい長さのブルゾン。柔らかなシルエットにまるみがあり、そのかわいらしさがガーリースタイルの魅力を引き立てます。温かみのある素材を組み合わせ、見た目にも季節感たっぷりに。普段は華やかなファッションが多い平松さん。年齢を感じさせない自然な〝かわいい〟を纏うことによって、自分の新しい一面と出会うことができました。

NARU FACTORY

Coordinating items

3.Dress

1.Jacket

普段は
着ないテイスト。
でもかわいい…!

2.Shoes

1.Jacket_後ろが長い着丈の前後のギャップが抜け感を演出するトラベルウールプレミアム　ラウンドジャケット。ふんわりシルエットながら、襟と袖のリブでメリハリが効いている。¥17,380　2.Shoes_イツのシューズブランド・トリッペン。ナルオンラインストア限定のカラー。CUPコレクションレースアップシューズ “pot” はトリッペン創業時から愛されているデザインで、クラシカルな中にスポーティーさを兼ね備える。アッパーはワックスグレージングを施したレザー「ICE」のナルオリジナルカラー。¥48,400（trippen）　3.Dress_冬に頼りになる主役級コーデュロイドットワンピースは大人レトロなミディ丈。ほっこりとしたコーデュロイを使用し、季節感たっぷり。ウエスト部分にあしらったギャザーでスタイルアップが叶う。¥19,800

SHOP INFORMATION／ 南出メリヤス株式会社　メール：narustore@minamide.jp
◁ONLINE STORE

matohu

｛■まとふ■｝

matohu（「まとふ」と書いて「まとう」と読む）に込められた2つの意味は、身に「纏う」と「待とう」。消費して捨て去るのではなく、自分らしい美意識が成熟するのを待とうという提案だ。「日本の美意識が通底する新しい服の創造」をコンセプトに、歴史や文化、風土から生まれるデザインを日本人らしいオリジナルなスタイルで発信し、芯のぶれないクリエーションを続けている。

Hair styling and makeup points

ヘアスタイリング＆メイクポイント

凛々しさを強調したモード

丸顔のかわいいお顔立ちを、モードに仕上げていきました。ブラウン系で外を意識したメイクにすることで、スタイリッシュでカッコよくまとめました。

美しさも纏うモノにも もっと素敵にこだわって

着物のエッセンスを現代に生かしたオリジナルデザインの長着は、宍道湖の湖面や空をイメージして織り上げた秩父銘仙。ジャケットとスカートには縁起の良い柄としても知られる南天柄ジャガードが使用され、差しで入った朱色とのコントラストがまさに日本の美を体現するかのようなデザインです。ウィングチップシューズを足元に添えることで、クラシックな印象も。もともとフェミニンスタイルが多い安藤さんの雰囲気も一変。今回の「いつもと違う装い」に相応しい、芯の強いかっこいい女性らしさが引き立ちます。個性的なデザインこそ、自分を変える楽しみを広げてくれます。成熟した今だからこそ、自信をもって着ることができる。素敵に歳を重ねたいから、着るものにはもっとこだわりをもってもいいのかも。matohuの服は、そんな気持ちを呼び覚ましてくれます。

いつもと
違った私に
出会えました

安藤きょうこさん

Ando Kyoko Age 52

モデル、フリーアナウンサー、コンサルタント業と幅広く活動しながら、2023年よりコミュケーションアップ講座も始める。「人生が輝くプレミアム恋愛マスタークラブ」講師。

ピアス：安藤きょうこさん私物

matohu

Coordinating items

3.Nagagi

1.Jacket

2.Skirt

4.Shoes

1.Jacket_「難を転じる」として縁起が良い吉祥文様である植物の南天の柄をジャカード織であしらったスタンドピークドラペルジャケット。ポリエルテル57%×綿43%。¥107,800　2.Skirt_ジャケットと同じ南天柄ジャカードの前重ねギャザースカート。赤の切り替えが立体感とアクセントをもたらす。¥63,800　3.Nagagi_以前のコレクションでもフィーチャーした秩父銘仙の新啓織物と再びタッグを組んだ銘仙空柄長着。秩父銘仙は江戸時代から絹織物の産地として栄えた秩父地方で織られた先染めの平織りの絹織物。デザイナーが描いた柄を新啓織物が見事に織り上げた逸品は、軽く着心地が良く深みのある色調が特徴的。絹100%。¥275,000　4.Shoes_牛革の配色ウィングチップシューズ。グリーン×ネイビーブルー。¥53,900

SHOP INFORMATION／matohu椿山　電話：03-6805-1597　メール：matohu-shop@lewsten.com
ONLINE STORE▷

Column

笑顔のエッセンス

■リフレッシュ

常に笑顔ばかりではいられない落ち込んでしまった時に気分を一新元気のもとをピックアップ

プロシンガーとして

「お客様に喜んでいただくため」

宇都宮駅中ウェディングホール開業時に依頼されたディナーショー。

——(左の写真の) ディナーショーで歌われた曲は？

ジャズ、ポップス、日本の歌を歌いました。映画音楽、プレスリーの歌、黄昏のビギン、テネシーワルツ、ナタリー、フランクシナトラのマイウェイ、ゴットファーザー等19曲程です。

——ディナーショーをはじめたきっかけと目標は？

最愛の母を亡くして悲しみを癒し天国の母に聞こえるようにと言う思いからショーをはじめました！　ディナーショーは人生で一番時間が自由になった事から、50名限定位の場所で年1回開催を目標に、常に新しい曲を聴いて覚えてお客様に喜んでいただくため頑張るのが私の今の人生の目的です。

弓 のり子さん

Yumi Noriko Age 79

学生時代からスポーツ大好きな超元気な子。結婚式の司会歴30年の傍らジャズを習い、現在プロシンガーとして活動中。

50年近く付き合いのある後援会長の奥様と、お住まいの虎の門ヒルズのアンダーズホテルでアフタヌーンティー。

姪の子みゆ9歳と品川プリンスホテルに泊まって、朝バフナでブレックファーストを爆食い後、H&Mでお洋服の爆買い。楽しい夏休み。

ありがたいことで満ち溢れている日常

パートナーと巡る

春のお台場にて。

2人とも元気が湧く明るい色が大好き。知らない人たちから「元気がでます！」など笑顔になってもらえると自分たちも嬉しくなります。時には「あっ、林家ペーパーだ(笑)」。

佐々木 万里子さん

Sasaki Mariko Age 56

一回り年下の心がピュアなパートナーと出逢ってから、「毎日大切なことに気付かされています。」パートナーと神社仏閣巡り、街巡り、体験型イベントなどを楽しんでいます。

冬の横浜赤レンガ倉庫前にて。

——行きたい場所やイベントはどうやって決める？　どう楽しむ？

自宅からよく散歩にいく日本橋には、アンテナショップがたくさんあるので歩いているだけで全国各地の素敵な物を知ることができます。「ここ滋賀」というアンテナショップの前には、信楽焼の親子たぬきが置かれており、そこを通るときは二人で「たぬきさん、こんにちは」と声をかけながら通っていて、そんな馴染みがある「ここ滋賀」で信楽焼のたぬきを作る体験があるから参加しよう！　とパートナーが誘ってくれました。二人で何かを作る体験は初めてだったかもしれません。小学生の時の工作や粘土のように夢中になって作った時間はあっという間でした。同じ型を使っているはずなのに、それぞれ個性が出て何だか作った本人に似ていて終始笑顔で過ごすことができました。

イルカスイムin御蔵島

――御蔵島のイルカスイムについて

子供の頃一度は夢に描いたイルカと一緒に泳ぐこと。まさか日本の東京で自然のイルカと泳げるとは。友達のインスタを見て知り、そのお友達から誘っていただいたのがきっかけ。「御蔵の海で泳げれば何処に行っても大丈夫！」と言われるくらい御蔵の海は荒いのですが、イルカの姿を見たらそんなことはすっかり忘れて夢中で泳いでいました。船に同乗した人で何十年も御蔵島に通われているという方がいて、海の中で上手にイルカと並走したり、時にはクルクル回ったりまるで遊んでいるかのよう。私は潜ることも出来ないので、ただただ羨ましく水面から眺めているだけなのですが、時々イルカが水面まで上がってきてくれて私に寄り添うように泳いでくれて「こんにちは！　大丈夫？」って言ってくれているような気がして、その可愛いさにやられてしまいました。今ではもっともっと上手にイルカと泳いだり遊んだりしたいと思いスキンダイビングを練習中です！

その全てに癒される

コンビニもないここが東京？ と思いますが、イルカ、海、自然、人々にホントに癒される御蔵島全体が魅力。

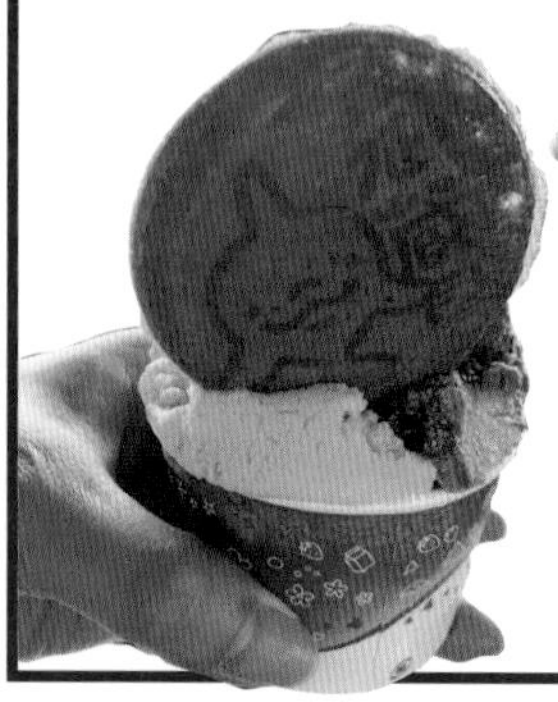

中之森 千恵さん
Nakanomori Chiei Age 55
ナレーター、司会業をこなす傍ら、現在は各種IT企業や自動車メーカーのビジネスマナー講師。

――旅について

私にとって旅とは、その土地のエネルギーを頂きに行くような感覚。その土地、場所でしか味わえない人であったり波動やエネルギーをチャージしに行くような感じです。心身共にリフレッシュやリセットが出来るおかげなのか、行くと元気になります。旅はビタミン剤のような感じですかね。
海外においては、日本の当たり前が当たり前でないことや、国が違えば常識や発想、考え、性格なども様々であり、毎回新たな気付きが得られて新鮮な気持ちになれるところが好きなのです。現地の方とのコミュニケーションがあればある程深いものになっています。やはり、そこで出会う『人』は大きな存在で、旅先で体験したちょっとしたコミュニケーションでさえ人生のかけがえのない宝となっていつまでも心に残っています。

フィリピン、マニラにて。強い生命力、生きる情熱のようなものを再認識。

そこで出会う『人』
＝ビタミン剤＆心の財産

池田 美代子さん
Ikeda Miyoko Age 55
健康オタク、美容好き、スピリチュアル大好き、楽しいこと好き、いつでも旅に行きたい50代女子。執筆活動中。

Favorite item!

09

「60代でもスキニーのダメージデニムをかっこよく穿きこなす。ファッションについては娘たちに教えてもらっています」

女らしくてかっこいいが両立するスキニーデニム

滝田 典子さん
Takita Noriko Age 66
娘2人に孫が2人。今は主人と2人暮らしです。

Coordination Comment

「デニムを引き立てるために、ブラウスの裾はすべてインしました。赤いバッグをアクセントに。やっと涼しくなったのでデニムが穿けて嬉しいです」

Coordination Comment

「グリーンを基調にネイビーと組み合わせた大人かっこいいワンピーススタイルです。Aラインなので、ウエストをベルトでギュッと絞ってメリハリをつけています」

「今、グリーンがマイブームなんです。昔は緑を着ることが恥ずかしかったのですが、最近は逆におしゃれだなって」

Favorite item!

柄の遊び心で彩る落ち着いたこなれ感

10

瀧澤 紫さん
Takizawa Yukari Age 64
ジュエリーデザイナーでアクセサリー講師。

11

Coordination Comment

「普段から、個性的な服しか着ないんですよ。そのなかでも、この服は秋らしい色合いが素敵。サイドのデザインがとってもユニークでしょ。自分のためにお洒落を楽しんでいます」

自分を高めるために 楽しむ個性派スタイル

Favorite item!

「70代では絶対に挑戦しないと思う個性的なデザインが気に入っています」

宇川 春美さん

Ukawa Harumi Age 72

健康第一。毎日10キロラン。ウォーキング、ランニングはまだまだ大丈夫。好きなブランドはイッセイミヤケ。

好きな色は差し色で
シネマティックに魅了する

Favorite item!

「フランス旅行の際に買ったCHANELのピアス。実は、50歳過ぎてからピアスの穴をあけたんです。逆にいいかなって(笑)」

12

大岩 真理さん
Ooiwa Mari Age 52
元タレント。現在はフォロワー53,000人のインスタグラマー。好きなファッションブランドはSHEIN。

Coordination Comment

「本当は赤やピンク色が好きなんですが、季節的にも落ち着いたモノトーンでまとめました。なので、好きな色はアクセントで取り入れています」

Coordination Comment

「サラッとした柄のワンピースに白ファーベストで季節感を出しました。あまり見かけないアイテムに出会えるのでセレクトショップが好きで、働いていたこともあります」

華やかな柄物に
ホワイトファーで
メリハリ効果と季節感

Favorite item!

「個性的な柄ワンピですが、黒ベースなので着やすいです。アクセはスペインや日本のもの。服の赤に合わせました」

13

山本 靖子さん
Yamamoto Yasuko Age 53
テレビ、ドラマ、雑誌で活躍。その後40代から美容系等のお仕事を再開。

14

大ぶりの柄ワンピースと脚見せで若々しく

Coordination Comment

「普段着とよそ行きの服を分けず、家でも外出着のまま。いつもオシャレにしていたくて。バッグはルイ・ヴィトンが好き。ヴィトンの服もいつか挑戦してみたいです」

Favorite item!

「スタイルが良く見えるワンピース。ロングだと車を運転する時に邪魔なこともあるので、少し短い方が好きですね。」

林 泉さん

Hayashi Izumi Age 75

元会社経営者。10代の頃劇団に所属し、「座頭市」に出演経験もある。

Seize the Day 03

40歳から生まれ変わって人生を謳歌中

いつからでもやり直しはできます

40歳で起業する前は、度重なるストレスで病気（メニエール病）になったりと、色々大変でした。家族のために尽くした人生だったのですが、病気をきっかけに自分を優先する生き方にシフトすることで、家族との関係性も良好になり、40歳から生まれ変わった気持ちで人生を楽しんでいます。

今井聖美さん
Imai Kiyomi Age 60

漢方アロマセラピスト（整体師）。

日本布ナプキンアドバイザー協会 会長。

日本氣香学協会 代表。

最近は趣味で始めたポールダンスのレッスンが楽しくて仕方なく、痣の絶えない日々を送っています（笑）。

老若男女を問わず楽しめるのが ポールダンスの魅力のひとつ

いっしょにポールダンスを習っている、お孫さん「Ririnaちゃん」との1枚。発表会ではRirinaちゃんも見事なダンスを披露していた。

ポールダンスの世界にすっかり魅了されました

２０２３年10月中旬、今井さんが所属されているポールダンススタジオ『umber』の発表会にお邪魔させて頂いた。会場に入って驚いたのはその熱気と、出演者の皆さんの顔ぶれ。浅学で申し訳ないのだが、ポールダンスは扇情的なものというイメージがあり、若い女性がセクシーな衣装で踊るもの…というステレオタイプな思い込みがあった。しかし、いざ会場に入ってみると、出演者は幼稚園児や小学校低学年の子供から熟年の方まで非常に幅広く、女性・男性の区別もない。ポールダンスに関するイメージが、ガラリと変わる発表会だった。

「２０２２年の8月から、仕事が休みの日や仕事前などの時間を使って週に1～2回のレッスンを楽しんでいます。

習い始めて４ヶ月で新宿で

Seize the Day 03

思い通りにいかないから チャレンジしてみたくなる

ショーに出演しました。今はすっかりポールダンスの世界に魅了されています。孫娘も3歳だった昨年から始めて、今回の発表会でショー出演は2回目。孫娘とダブルスでポールダンスショーに出ることを目標に、全身痣だらけ（ポールダンスを始めてから肋骨にヒビが入ること2回、足指脱臼と骨折まで経験したそう）になりながらレッスンしています。怪我は絶えませんが、実際にやってみると難しく、全く思い通りにいかないポールダンスにチャレンジ精神を呼び起こされる感じです。」

そう言って笑う今井さんは本当に楽しそうだった。

実際に目にして分かったのだが、ポールダンスは柔軟性や筋力を駆使し、昇り降り・スピン・倒立などの技を複雑に組み合わせた、とても体力が必要なダンスだ。しかし、決して体力・筋力任せのものではない。

今井さんのダンスには年を経た人にしか出せない優雅さがあり、美しいものだった。素敵な年のとり方をしてらっしゃるな…と羨ましくなる程に。

布ナプキンには様々なサイズがあり、生理時以外でも色々な用途が（写真／左）。携帯する際には折りたたむことができ（写真／右）、柄なども自分好みで選ぶことができる。

最後まで自力で歩き、食事し、排泄できるエレガントな女性で人生を全うしたい

「フェンネル」は1日2名様までの完全プライベートサロン。セラピスト以外と接触することがなく、リラックスして施術を受けることができる。店内では布マスク・布ナプキンの販売も。

悩み多き女性たちの力になれたらと

妊婦さんを筆頭に、全ての女性に優しい漢方アロマセラピーサロン『フェンネル』を運営している今井さん。

「漢方アロマセラピーとは、植物の葉や茎、果皮、種子等から抽出した100％純粋な精油を使用する自然療法と、経絡、経穴（ツボ）、陰陽五行説、理論に基づいた診断法を行う東洋医学を融合させた、新しいスタイルのアロマセラピーです。肩こり、冷え、むくみ、倦怠感などを緩和し、自律神経系の乱れを整えリンパの流れや血行を促していきます。心も体も癒す、極上のリラクゼーションを体感してください。」

自らがストレスが元で病気になった経験のある今井さんは、悩んでいる女性たちの力になりたいと考え、様々な活動を行なっている。漢方アロマセラピーサロン運営もその1つで、「健康に美しい年を重ねて生きて行きたい」という本人の信念に添ったもの。

日本布ナプキンアドバイザー協会の会長を務め、布ナプキンアドバイザー養成講座を主宰しているのも、女性の力になりたい一心からだ。

「布ナプキンに出会ったのは、40歳位でした。『生理の時に使う布で出来たナプキン』くらいの認識でしたが、初めて布ナプキンを使った時、経血で汚したくない一心でカラダと向き合ったところ、布ナプキンに経血を一滴もつけずに夜まで過ごすことができました。自分の体をコントロールすることができたのです。十数年前に手にした1枚の布ナプキンが、たくさんの気づきを私に与えてくれました。

　布ナプキンは生理時だけに使用するものではなく、初潮前から閉経後もデリケートゾーン（膣、子宮、肛門）から分泌されるものを優しく包み込んでくれます。さらに、子宮やデリケートゾーンを労わるだけでなく、手洗いして繰り返し使うことで、地球環境に与える影響を減らすことができます。布ナプキンは女性にも地球にやさしい、優れモノなのです。」

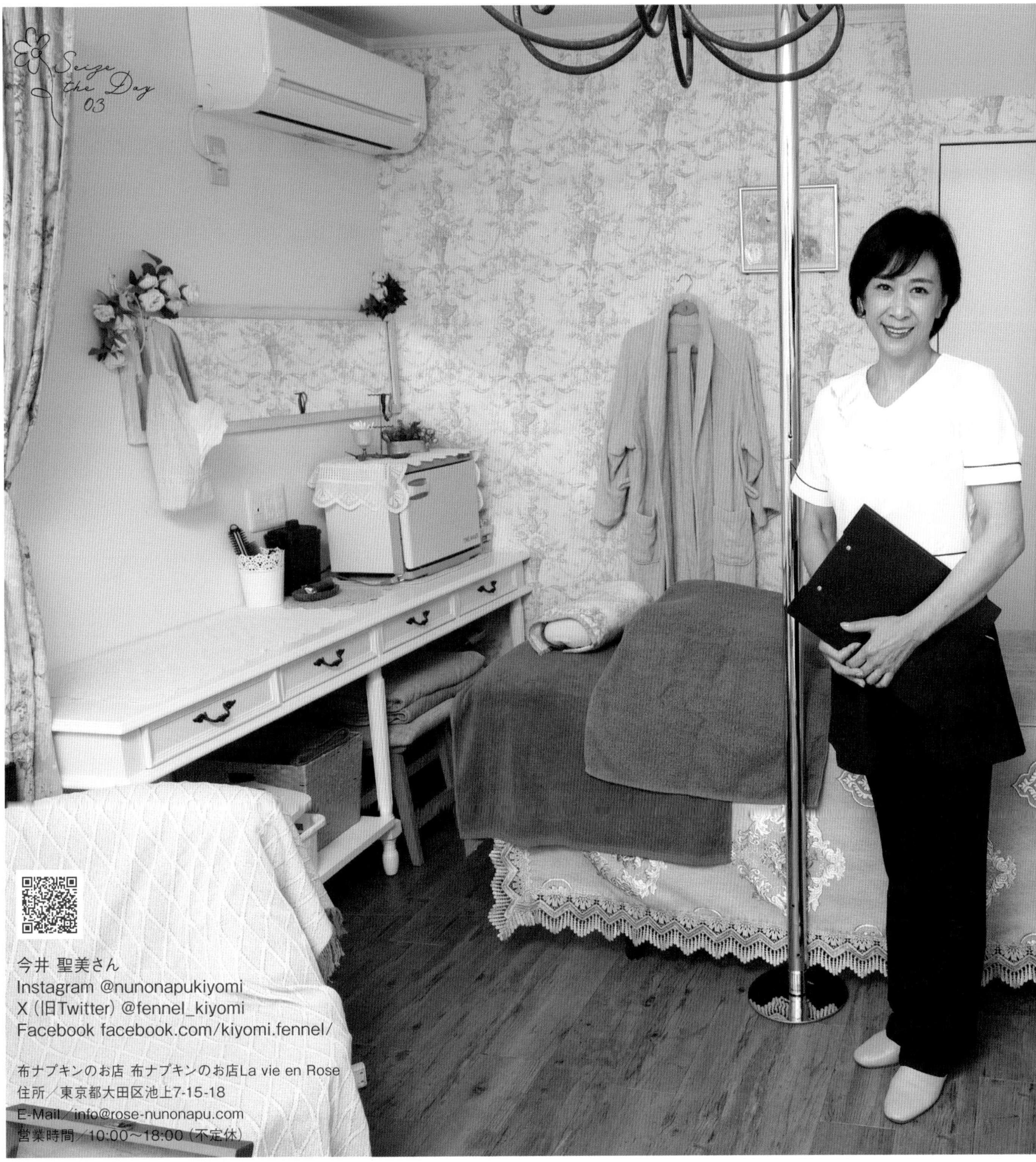

今井 聖美さん
Instagram @nunonapukiyomi
X（旧Twitter）@fennel_kiyomi
Facebook facebook.com/kiyomi.fennel/

布ナプキンのお店 布ナプキンのお店La vie en Rose
住所／東京都大田区池上7-15-18
E-Mail／info@rose-nunonapu.com
営業時間／10:00〜18:00（不定休）

年齢を重ねると、髪の悩みが増えませんか？

新大人世代に話題！美髪成分「ヘマチン」

年齢とともに多くの女性が髪の悩みを抱えています。そこで新大人コミュニティ50代以上100名を対象に「大人の女性の髪の悩み」に関する調査をした結果（複数回答可）がコチラ。

1位「白髪」70%　2位「パサつき」49%　3位「うねり・くせ毛」48%

そんな髪のお悩みのもと、パサつき・うねり、白髪染めで傷んだ髪を瞬時に補修すると話題の『ヘマチン』を扱うメーカーにその成分を徹底取材しました!

第1問

ヘマチンは、白髪染めなどで傷んでしまったパサパサ髪を瞬間補修する ○ or ✕

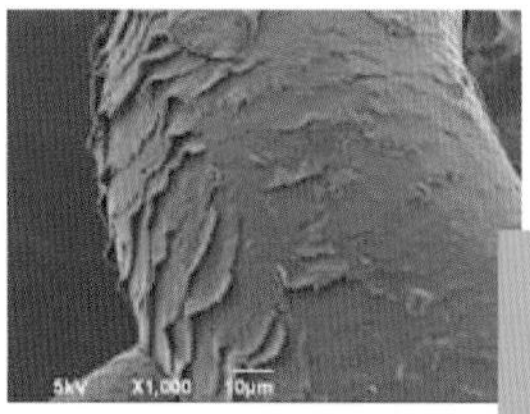

【コントロール（精製水)】

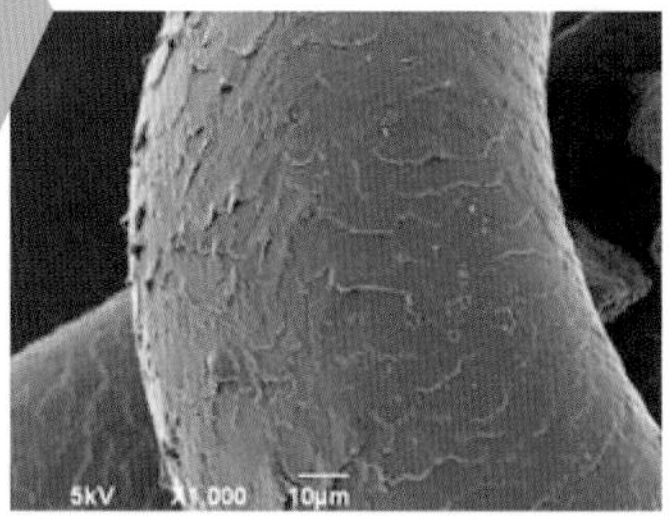

【ヘマチン】

※補修による物理的効果によるものです。
効果を保証するものではありません。

正解は、○

付けるだけで、パサパサ髪をサラサラにする髪の瞬間補修成分がヘマチンです！ ヘマチンは、髪の毛の主成分である「ケラチン」というタンパク質と一瞬で吸着する性質を持つため、髪の毛につけると一瞬で吸着し、**ダメージを受け剥がれてしまっているキューティクルを瞬間補修**してくれます。

第2問

ヘマチンには、白髪の発現防止の効果がある ○ or ✕

正解は、○

これから生える髪の毛の白髪を防止する効果がデータで証明されています！ 髪の毛の黒い色素はメラニンが主ですが、ヘマチンには、その**メラニンの生成を担うチロシナーゼという酵素の活性を促進**する働きが認められているんです。

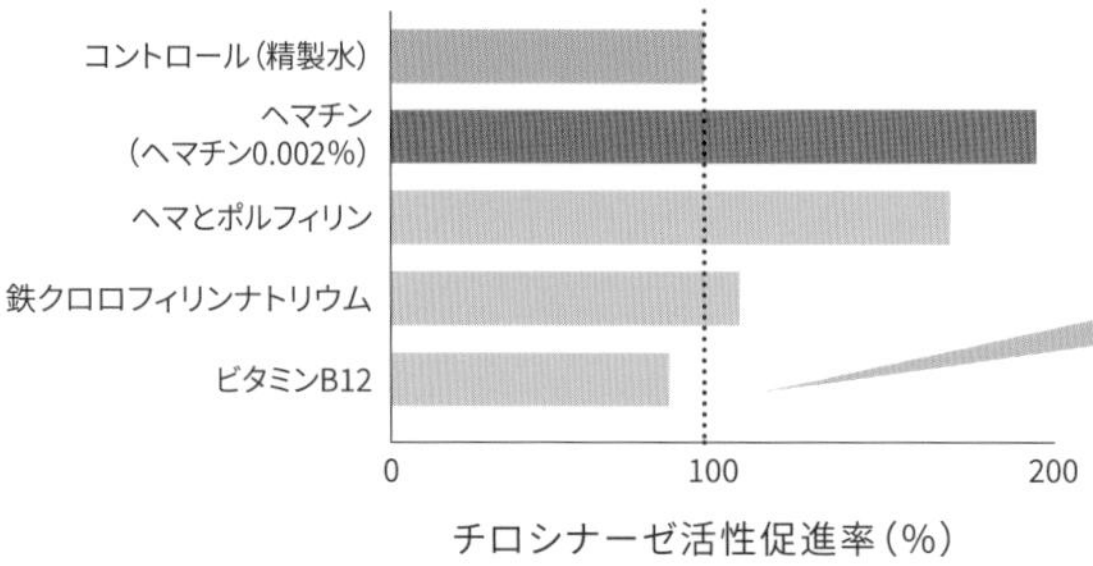

ヘマチンのチロシナーゼ活性促進作用

バーが100%を超えて長いほどチロシナーゼ活性促進作用があります。

第3問

ヘマチンは、乾いた髪の毛に使うと効果的である ○ or ✕

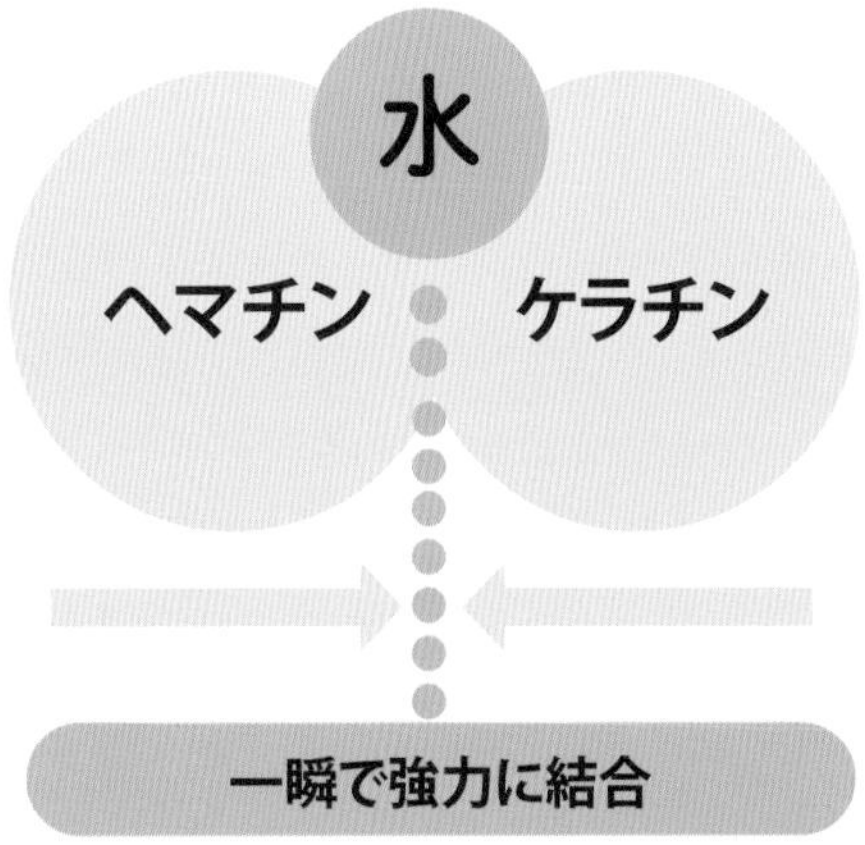

正解は、✕

乾いた髪の毛に付けても、ヘマチンの瞬間補修効果は半減してしまいます。実は、ヘマチンは、水を媒介にして髪の毛の主成分「ケラチン」に一瞬でくっつく特性を持っています。ですので、濡れた髪の毛に使用することが、その効果を最大化させるポイントなんです。

第4問

ヘマチンは、パーマやカラーリングの持ちを良くする ○ or ✕

正解は、○

アルカリ除去効果もあるヘマチンだから、パーマやカラーリングだって長持ち！　パーマやカラーの後に、アルカリ性薬剤が髪に残留していると髪のキューティクルがはがれやすくなり、せっかくかけたパーマやカラーリングが施術直後の状態を保てなくなってしまいます。ヘマチンは、アルカリ除去効果を持つため髪の毛に残留した薬剤を、少しずつ落とすことが可能です。

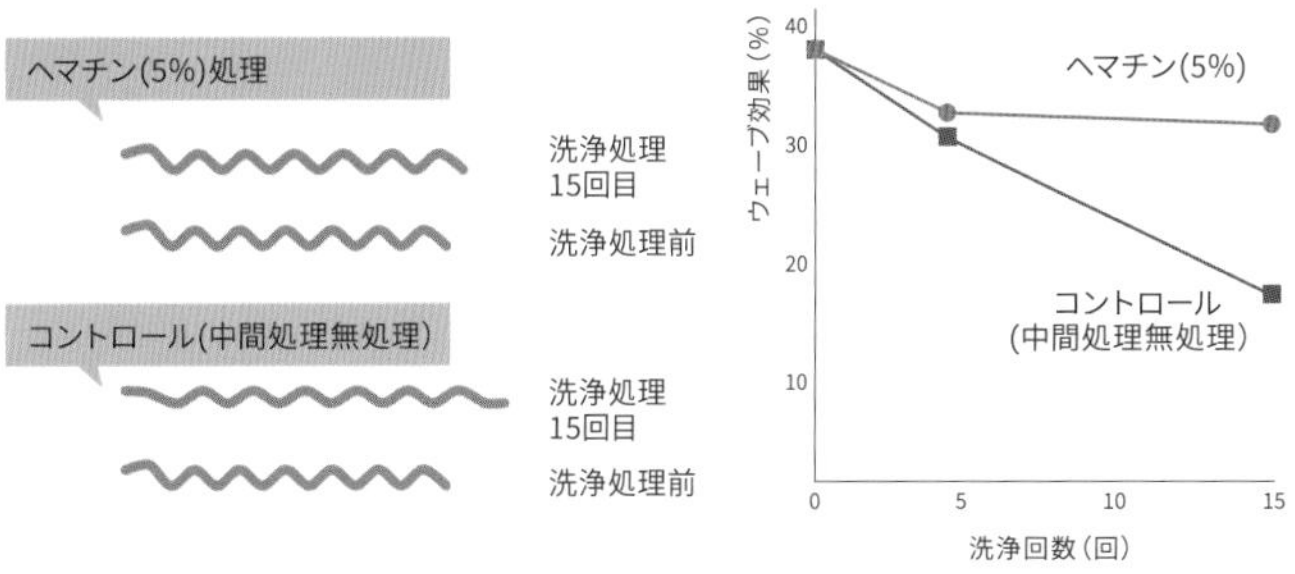

第5問

髪の瞬間補修成分ヘマチンの最も効果を発揮するためには、ヘマチン配合のシャンプー／トリートメントを使うのが一番効果的 ○ or ✕

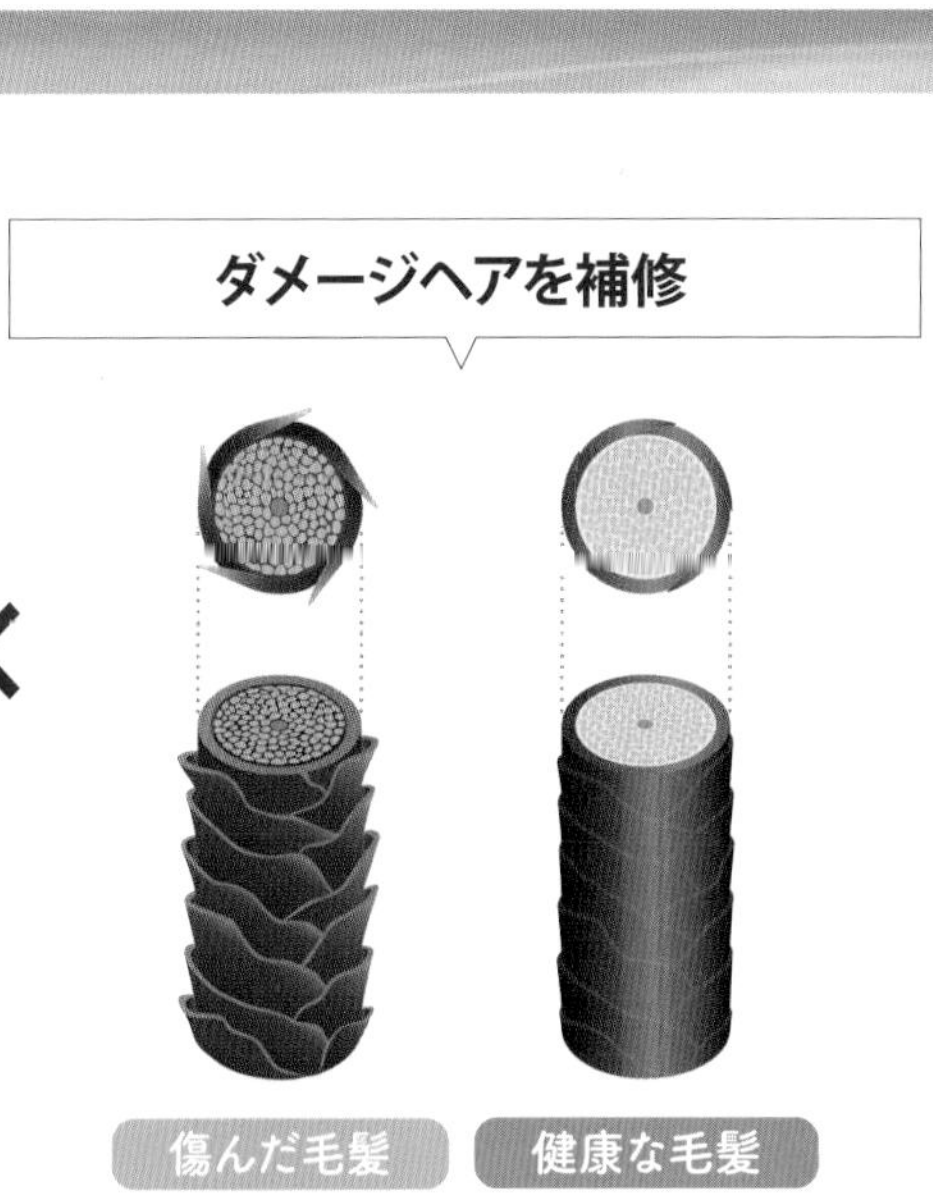

正解は、✕

シャンプーなどに入れずに、髪の毛に直接つけることが効果を最大化するポイント！ ヘマチンは、タンパク質に一瞬で強力に吸着する性質を持っているため、シャンプーやトリートメントに含まれるタンパク質（アミノ酸）と先に結合してしまい、肝心の髪の毛（ケラチン）との効果実感が弱くなってしまいます。

徹底検証

『ヘマチン』の髪の瞬間補修効果

ヘマチンのすごさを体験するために、実際に『エポプレミアムヘマチン』を使ってみました!!

Step 1

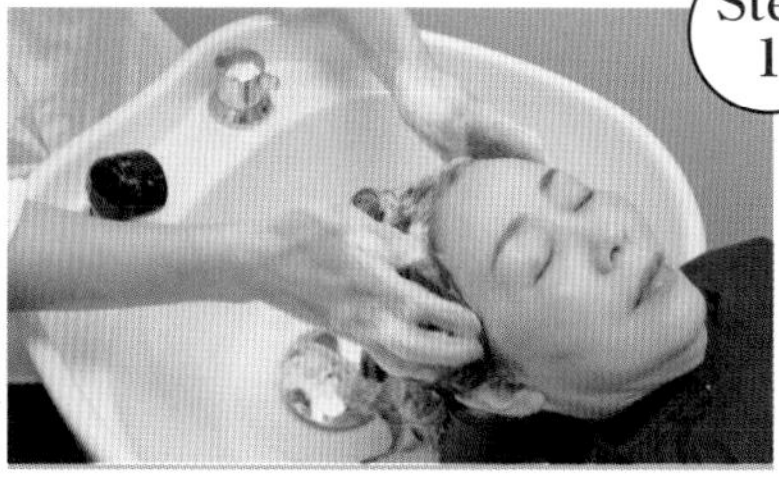

まずは、シャンプーで
髪を洗います。

Step 2

今回は違いがわかりやすいように右側半分だけに使用

シャンプーの後(※タオルドライNG!!)
『エポプレミアムヘマチン』を
塗布します。

Step 3

続けて、洗い流さずに
コンディショナーやリンスを
つけてから、最後に洗い流します。

モニター体験を終えた方も、この若々しさ

befor

実年齢62歳の近藤さん。
体験前の髪年齢は、74歳という結果

体験後の髪年齢は、
52歳! なんとマイナス22歳!!!

after

検証結果

洗い流した時点で、櫛の通りが全然違います!

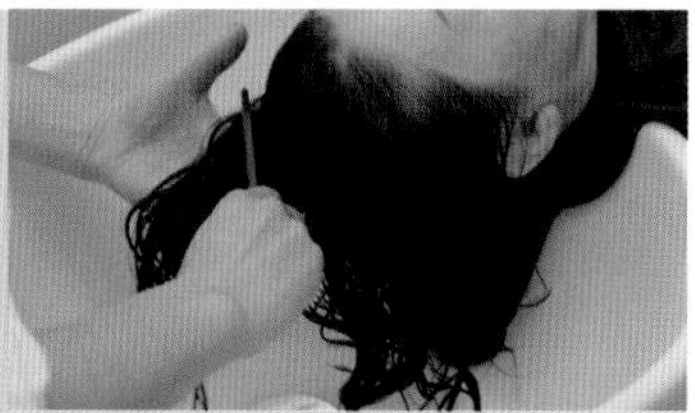

左側半分)ヘマチンを付けていないと・・、傷んだ髪が櫛に引っかかる。
右側半分)ヘマチンを付けた方は・・・・、スルンスルン。
ただ洗い流した時点でここまでの違い!

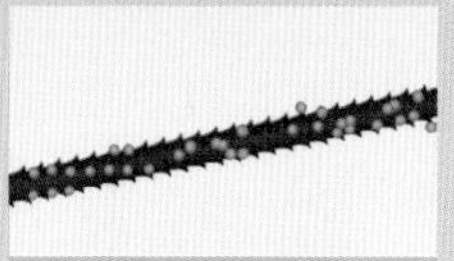

どうしてこんなに差が!

①ヘマチンは毛髪のたんぱく質と結合。
②傷んでしまった髪に入り込んで、内側から集中ケア。
③根元から毛先まで髪の毛全体をコーティング。

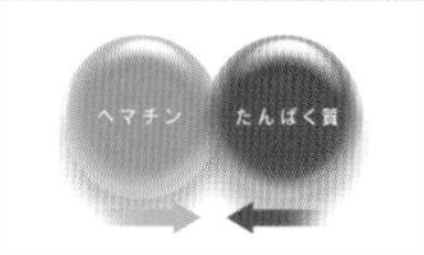

検証結果

さらに注目! 髪の毛を乾かしみると、、、この違い!

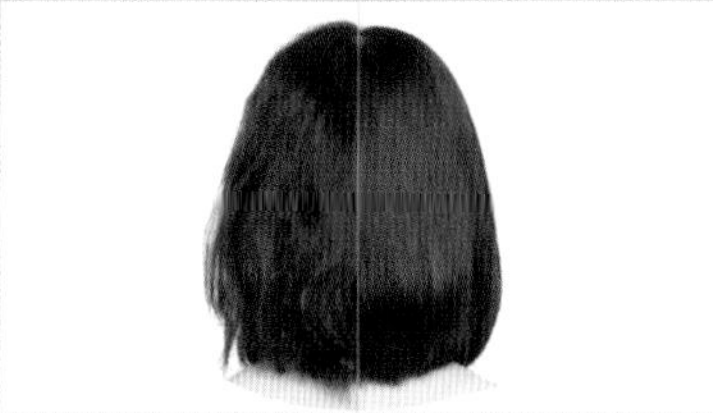

左側半分)ヘマチンをつけた方はツヤがあって断然キレイ。
右側半分)髪のハリ・コシを比較しても、パンと跳ね返すこのしなやかさ

結論

たった10秒で叶う髪の集中ケア!自宅で出来る、簡単サロン級ヘアトリートメント。

白髪染めなどで傷んでしまい、老けて見られる髪のお悩みには、

epo『エポプレミアムヘマチン』

詳細はこちらを
お読み取りください↓

おすすめの逸品

ワインは知ることでおいしくなる不思議なお酒です。日本未入荷の貴重なワインを飲みながら、ゆったりとした時間を過ごしませんか。

ワインと世界を旅しよう

Wine《ワイン》 Journey《ジャーニー》!

フランスには国内の流通ルートのみで
販売されているワインがあることを
ご存じでしょうか?
実は、日本に輸入されているワインは
フランス全土で作られている
ワインの5%にも及びません。

そもそもなぜ!?
〝日本に流通しないワイン〟が存在するの?

フランスには、生産量が少ないため国内に卸すだけでワインのビジネスが成立しているワイナリーが無数にあります。日本でも同じですね。そもそも生産量が少ない食品やお酒なども、国内で売れてしまえばほかの国へ輸出する商品自体がそもそも存在しないのです。

私たちはそんな日本の大手商社ではロットの問題で仕入れられない小規模ワイナリーによる品質の高いワインを直接仕入れ、日本ではなかなかお目にかかれない上質なフランスワインを取り扱っております。

日本で唯一、毎月の会員さまだけのために
私たちがフランスからご自宅のテーブルまでお届けする特別なサービス

100名さま限定 「日本未入荷フランスワイン頒布会」
初回お届け内容(2本セット)

BOURGOGNE

ブルゴーニュ・ルージュ

ブルゴーニュ コート・ド・ニュイ　ルネ・ルクレール

2017 | 赤 | ピノ・ノワール100%

インフォメーション

銘醸ルネ・レクレールのつくるピノノワールを一番ニュートラルに、お楽しみいただけるワインです。これは男性的なジュブリー・シャンベルタン村の有名作り手です。

テイスティング

香り高くエレガントで、ジャーミーな熟したベリー系のフルーツの香りの中に野性味のあるアロマを持っていて味も余韻も奥行きを感じる事ができます。

CHABLIS

シャブリ

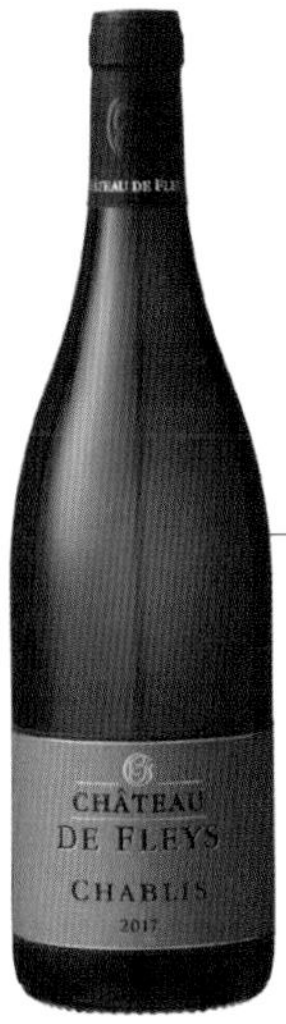

ブルゴーニュ シャブリ　シャトー・ド・フレイ

2021 | 白 | シャルドネ100%

インフォメーション

「これほど優等生の白ワインは他にない」と言わしめる代表的な物です。名前が覚えやすい事もあり、日本食にも合うのでとても昔から知名度のあるワインです。

テイスティング

シャルドネ特有のアプリコットの上品な香りにアフターに芳ばしい様な余韻を持っています。ミネラル分を多く含み、酸のキレがシャープなのでとても心地よいです。

新大人図鑑
購読者限定

スペシャルセットのご案内

ブルゴーニュ・ボルドー・南仏・アルザス・ロワールなどフランスの小規模ワイナリーを訪問し、現地で実際にテイスティングして買い付けた日本未入荷の高品質なワイン。赤、白の合計2本を月替わりで毎月ご自宅のテーブルまでお届けします。

【月替わり頒布会割引価格】

通常価格 ~~7,850円~~(税込・送料込)

＼ 37%OFF ／

送料無料 **4,980円**(税込・送料込)

月替わり頒布会について

※解約のご連絡をいただくまで、商品は順次発送させていただきます。
※変更・解約は、次回お届け予定日の10日前までにホームページのお問い合わせよりご連絡ください。
https://winejourney.jp/

●お届けするワインは在庫状況により変更になる場合がございます。 ●毎月お届けする銘柄や産地は変わります。
●毎月送料無料でお届けします。 ●ワインの到着日は毎月10日or25日のどちらかよりお選びください。

ご注文はコチラからどうぞ

Column

笑顔のエッセンス

■アンチエイジング・健康ルーティーン

美しくあるために健康が必要。逆も然り。どちらも続けるモチベーションが大事

右）最近プロテインは水に溶けやすく味も色々とあるので飲みやすい。筋肉を大きくするというよりは栄養補給の意味で使用。「朝食時に摂るようにしています。」（左）トレーニング後や寝る前に水と一緒に摂ります。溶かさずに飲めるので便利。

長野県車山高原SKYPARKスキー場にて指導員同士で撮影会。

質が良く疲労を残さない

持病との兼ね合いも大切

松原久美さん

Matsubara Kumi Age 67

アルペンスキー、ノルディックXCスキー、トライアスロン、陸上競歩など選手としてそれぞれの競技に成績を残し、20年前に病気を患い、冬はスキーインストラクター、春から秋は陸上競技審判員（スターター）として活動。

――トレーニングについて

選手を引退しているので、勝つ為のトレーニングではなく、スキー指導や陸上で日々しっかり動くための体力を維持することを念頭に、質が良く疲労を残さないメニュー。20年来の持病との兼ね合いも大切です。具体的には週1～2回のプライベートピラティス（柔軟性とインナーマッスルを意識すること。大きな筋肉を動かすには内部の筋肉をしっかりさせる事が大切だと思うので）と週3.4回のバリエーションウォークを基本に、低山登山やアップダウンの地形を利用したストッククランウォークなども行っています。ただメニューはマストではなくその日の体調に合わせて臨機応変に、やりすぎは禁物（選手時代の教訓です）。

腸活＆グルテンフリー

マイナス30歳の身体作り

――トレーニングルーティンのスケジュールは？

火、水、金の午前中や土日にも行ける時はリズムボクシングや筋トレ。45分のヨガの後の30分の筋トレ、リズムボクシングなど。トレーナーとのミット打ちやサンドバッグのミット打ち、ストレッチなど。

――各トレーニングについてのこだわりは？

全身の筋トレでバランス良く鍛え、ボクシングでストレス発散、体幹を鍛える。

――目標は？

100年時代。年齢を感じさせない、いつまでも若々しい身体作りで、マイナス30歳の身体作りを目指したい！

飯田尚代さん

Iida Naoyo Age 58

ピアノ、書道が趣味の58歳。

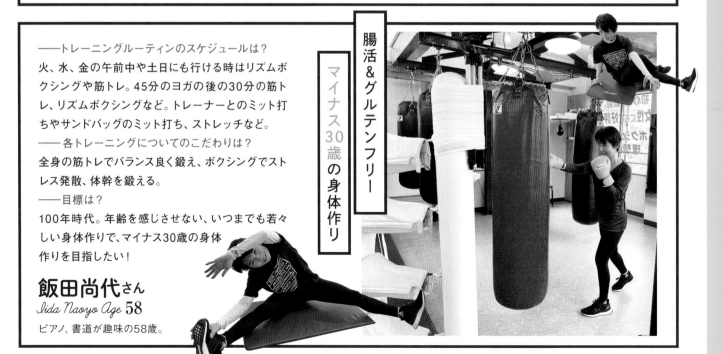

ヒップホップ&K-pop

大人女子ダンス

六本木ミッドタウンで開かれたパーティーにてスリーディグリースの曲を歌唱。

藤田里予子さん

Fujita Riyoko Age 67

小学生の時からダンスが好きでジャズダンス、ベリーダンスを嗜む。現在はヒップホップやK-popの40代～60代大人女子ダンスコミニティーでカッコよく若々しく踊る。

That That (Prod.&feat .SUGA of BTS)の練習風景。「ウエスタンの服で、イメージも合わせてのレッスンもあり楽しいですが、だんだん記憶力に不安があり振りを覚えるのが大変です！」

――ダンスについて

ダンスが好きで小学校の時もダンス部で、50歳になってからベリーダンスを6年間やっていましたが、先生がレッスンできなくなってしまったタイミングでベリーダンスは一旦終わりに。やっぱりダンスがしたくてmikoto先生のK-popダンスのレッスンに参加。先生は大阪の方なので月に1～2回のレッスンで、1時間半くらいの時間に振りを全て覚えて曲（BTSやtwiceの曲など）に合わせて踊ります。ダンス好きのお友達も沢山できました！

絶対野菜不足なし

とにかく手作り！

――こだわりの食事方法は？

ずっーと続けている事なので、こだわりなのか分かりませんが、とにかく手作り！ 手作り料理で男の子3人育てました。3食＋おやつ2回をできる限り手作りで、食事は絶対に野菜不足にはしない。ケーキもほぼ自家製なので毎日２回食べても大丈夫かと？

北村佐千子さん

Kitahara Sachiko Age 69

朝一でストレッチやヨガ。旅行に出ている時以外は、毎日ほぼ決まった時間にジョギング。

左）クラッカーは（旦那さんが）細かく砕く、上のグレープフルーツジャムも手作り、ジャムも市販品は使わない。

若見えメイクは

ナチュラル×ポイントアイメイク

——こだわりのメイクは？

メイクはすごく好きです。若見えメイクはナチュラルだと思うのでナチュラルでポイントアイメイクにハマっています。自睫毛育毛も頑張ってます。uzuのカラーマスカラ(バーガンディ)とuzuのカラーアイライナー(バーガンディ)を合わせて楽しんでます。メイクを楽しむアイテムとしてアイシャドウは控えめにして、マスカラとライナーを活かすと「近くでよく見るとバーガンディが見えてオシャレですね。」と言ってもらえます！

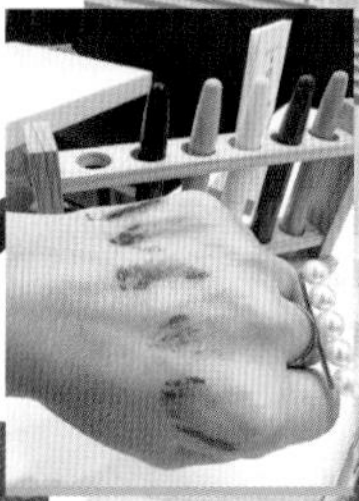

吉川京子さん
Yoshikawa Kyoko Age 59
夢を実現できる「KANOU DIARY」を販売しているオフィスキョンキョン株式会社代表。

バーガンディカラーに似合う、秋のお洋服を探しに日比谷に出かけてハイポーズ。

サルサ
オンリーワンのパーフォーマンスへ

橋本恵子さん
Hashimoto Keiko Age 61
「自分が輝けるセカンドライフを探索中！ 思いついたら即行動、フットワーク軽いのが自慢です（笑）」。

——サルサについて

サルサを始めたきっかけは、運動不足解消のために元々好きだったダンスを始めようと色々なダンスを試してみましたが、サルサが一番自分に合っていた！ 好きなお酒を飲みながら踊れるのも気に入りました（笑）。目標はレディースパフォーマンスに出演し続け、自分も観ている方も楽しめるようレベルアップしたい。趣味の唄と鍵盤ハーモニカを、オリジナルの振り付けを作って、唄ケンハモダンスのオンリーワンのパーフォーマンスをしたい！

サルサレディースチームのパフォーマンス発表会。6ヶ月で1曲仕上げるレッスンを受け、「やっと完成しました！」

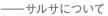

Coordination Comment

「無地でスッキリしているので、首周りに大ぶりのネックレスを合わせてメリハリをつけました。普段から、ジャンルを問わずどんなファッションも挑戦しています」

スタイルアップが叶う便利モノなロングコート

Favorite item!

アメリカ製のロングコート。コートを羽織ると出てしまう長さなので、本格的に寒くなる前にたくさん着たいです。

16

倉垣 陽子さん

Kuragaki Yoko Age 55

3年前にメキシコから帰国。趣味は泳ぐこと。メイクの仕事もしている。

「新大人」に興味がある方はコチラから

近藤 美保さん

Kondo Miho Age 66

カラースペシャリスト。モデル経験あり、「週刊女性」。アラカンでも、UNIQLO、GUをエレガントに。

差のつく大人女子は短いスカートも品よく

Favorite item!

「お友達とのランチの場面を考えて、女子力高めでも嫌味のないコーディネートに。丈の短いスカートでも下品にならないよう、ロングコートを合わせました」

15

Coordination Comment

「お友達とのランチの場面を考えて、女子力高めでも嫌味のないコーディネートに。丈の短いスカートでも下品にならないよう、ロングコートを合わせました」

Seize the Day 04

旅館の女将から好きなことへの挑戦

多彩に活躍する岡部ゆみこさんの魅力

老舗旅館の女将としての顔を持ち、モデル、講師、女優と様々な挑戦を続ける岡部ゆみこさん。年齢を感じさせない美しさと、何事にも明るく前向きな姿勢は、周りの人々もエネルギーをもらえるように感じます。そんな岡部さんの魅力の源は何か。新大人としての考え方や美しさを保つ秘訣についてお聞きしました。

岡部ゆみこさん
Okabe Yumiko
Age 54

東京檜原村『兜家旅館』の女将。「第11回国民的美魔女コンテスト」ファイナリスト。光文社TEAM美魔女11期。モデル・タレント・女優・講師・司会などマルチに活躍。有名企業CMにも多数出演。

ドローン撮影：ご主人

兜家旅館
住所／東京都西多摩郡檜原村数馬2612番地
電話／042-598-6136
メール／info@kabutoya.net
HP／https://www.kabutoya.net
料金／1泊2食付き1万6000円～
客室／21室
チェックイン・アウト／15:00・10:00
浴室／男女別2室・浴室付き客室2室
アクセス／車：中央自動車道・八王子ICから約60分
電車・バス：武蔵五日市駅より西東京バス「数馬行き」乗車1時間10分。終点下車徒歩10分

「楽しい思い出作りのお手伝いがしたいんです」

経験してきたことが すべてに繋がっている

自分の長所を活かせる女将は天職なのかも

東京都檜原村、都内だということを忘れてしまうくらい豊かな自然に囲まれた場所に佇む『兜家旅館』。築300年という茅葺き屋根や囲炉裏など、古き良き日本の良さを感じながら非日常が味わえる空間。そんな老舗旅館の女将として迎えてくれたのは新大人世代の岡部ゆみこさん。お客として兜家旅館を訪れたことがきっかけで旦那さんと出会い、この宿の女将として人生を歩むことになりました。「ずっと接客業をやっていたので、女将という仕事には抵抗はありませんでした。自分の長所や特技をすべて活かせるので、ある意味女将の仕事は私にとって天職かもしれません」

女将の仕事は肉体労働のため苦労することも多かったそう。お客さんが起きる前に朝ごはんの支度をし、就寝後に翌日の準備。そんな忙しい日々の中でも、「楽しい思い出作りのお手伝いがしたい」という、温かい思いが活力に繋がっています。

「スチームで汚れを浮かしてから、濡れたガーゼで優しく拭き取ります」

岡部ゆみこさんの美のこだわり

乾燥肌におすすめ 朝のスチーム洗顔

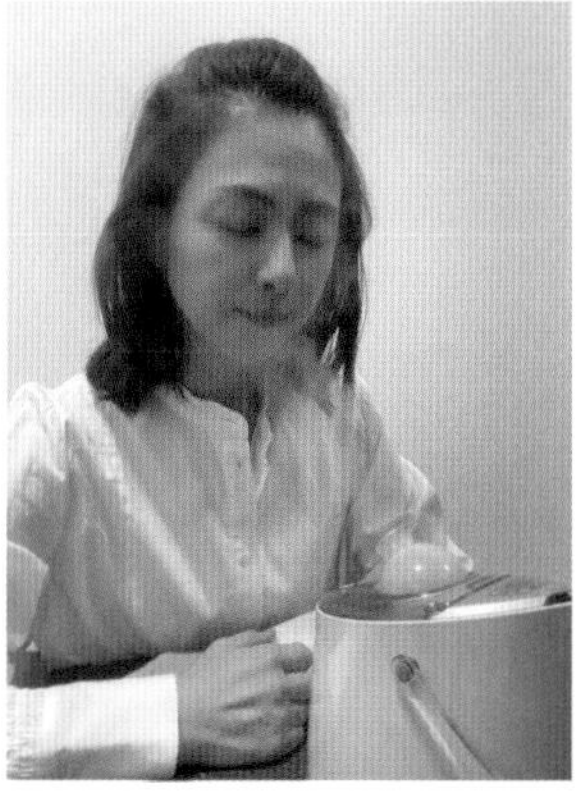

岡部さんの美のこだわりは、自己流で始めたという朝のスチーム洗顔。前世がアライグマなんじゃないかと思うほど、何でも洗うのが好きだったそう。朝の洗顔もその洗い過ぎが原因で、乾燥に悩んでいたんだとか。そんな時に、スチームをしたあとに顔についた水分を拭いたらさっぱりすることに気付き、朝のお手入れとしてスチーム洗顔を取り入れることに。

朝のスムージーこそ健康的な美の秘訣

岡部さんは女将としての顔だけでなく、モデルや職業講話の講師として幅広い分野で活躍しています。そんな忙しい日々の中で、美しさと健康を維持するために実践していることの一つに高機能ミキサーで作るスムージーを飲むことだと言います。

「初めて作って飲んだときになんてすばらしいんだろう！って思うほど、すぐに嬉しい効果がありました。娘も一緒に飲んでいたんですけど、お互い感動して報告し合ってしまうほど（笑）入れるものは体調や気分に合わせて変えています」

おすすめのレシピは小松菜・りんご・ヨーグルト。たまにソイプロテインを入れたり、その日に合わせたスムージーを楽しみながら続けています。

「生のフルーツや野菜を使う時は氷をいれるため、はじめからバナナやパイナップルを冷凍しています。冷凍したフルーツなら氷を入れずに作ることができるので便利ですよ」

「主人は私のファンなんですよ(笑)」と言うだけあって、岡部さんの仕事を温かく応援してくれる優しいご主人。

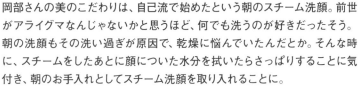

50歳という節目の年に女優としての道に挑戦

子どもの頃からお芝居をするのが好きだったという岡部さん。50歳の節目に、夢だった映画に挑戦する出会いが訪れることに。

「みんなに〝映画に出たい〟って言ってきたんですが、なかなか声がかからなかったんです。でも今の監督さんと出会ったとき、すぐに『出てみる？』って言ってくださって。50歳がタイミングだったんだと思います」

年齢を重ねる度に薄れていく活力に抗っている人も多いなか、進んで新しいことに飛び込んでいく岡部さんのマインドルーツはどこにあるのでしょうか。

「学生の頃に頑張り過ぎて三無主義になってしまったことがあって。そのときに、母親から『歴史に名を残せる人の方が一部だし、誰だってその人ごとの人生があって、みんなそれぞれが頑張ってるんだよ』という

岡部ゆみこさん
Instagram @okabeyumiko
Blog 『老舗旅館女将Yumikoの写真ブログ』
Facebook facebook.com/profile.php?id=100086519490382

Seize the Day 04

「明るく前向きに、色々なことに興味関心を持ち、どんどん挑戦していきたい」

「反物屋だった祖父がデザインをした伊勢崎銘仙です。30年ほど前に祖母からもらった着物なんですが、まだしつけ糸がついたまま保管してあります」

言葉を聞かされていました。父親も同様に、『新しいことを知るのは面白いとは思わないかい？』と言っていましたが、思春期だったこともあって当時は何も思いませんでした（笑）でも、そんな親のスピリットが入っていたみたいで、次第に同じことを言うようになっていました」

子どもの頃から好きだったことは、ずっと好き。その気持ちを忘れていなければ、何歳からでもやりたいことに飛び込んでいける。年齢に囚われず行動することで、意外にも叶ってしまう。そして自分のやりたいことにとどまらず、何事にも挑戦し続けるその姿勢こそ岡部さんの魅力だと感じました。

「〝頼まれごとは試されごと〟だと思っています。あなただから頼んでいるんだよって、期待に応えられるように。与えられたことはひとつひとつ一生懸命やることが次へと繋がると考え、感謝の気持ちを忘れずに頑張りたいと思います」

17

Coordination Comment

「ヴィヴィアン・ウエストウッドでコーデしました。以前は私の服は洋裁学校卒の母が作っていて。スーツもドレスも手作りで服は殆ど買ったことがないくらいでした」

ウォーキング講師の さすがの佇まい

Favorite item!

「普段はパンツだけれど、これは裾がアシンメトリーで面白くて。亡き母の手作りミニスカートがたくさんあるので、いつか挑戦してみたいです」

花田 香代子さん

Hanada Kayoko Age 65

モデル。デューク更家公認インストラクターを40代から始めて20年以上。着物コンテスト入賞。ウォーキングコンテスト入賞。コーチング講師。

天野 まこさん

Amano Mako Age 54

ダンスチーム「東京ドリーマーズ」所属。Mrs. International Global 2019日本代表。

18

もこもこファーベストと季節らしさあふれるブラウンベース

Favorite item!

「普段はネットをよく見ますが、ファーベストは買い物していて偶然見つけて。重ね着に便利で気に入っています」

Coordination Comment

「ファーベストがポイントのスタイルです。最近はグレイルやSHEINが気になります。悩むほどに品数も色展開も豊富で、そこから似合うものを選ぶのが楽しいです」

Coordination Comment

「同色コーデが好きなので、グレーのワントーンでまとめてみました。スポーティーだけどカジュアルになり過ぎないよう、アクセサリーでエレガントな要素もプラスしました」

エレガントな輝きを添えたワントーンのスポカジ

Favorite item!

「色々と身につけていても、くどくならず存在感があるので、シルバーのアクセサリーをよくつけています」

19

藤田 里予子さん

Fujita Riyoko Age 67

3人の息子の母親。児童心理、ポジティブ心理カウンセラー。幼児能力開発コンサルタント。40代で光文社STORY、50代でHERSの読書モデルで毎月号に掲載。

20

Coordination Comment

「ツイードジャケットとパンツを合わせた乗馬スタイルにしました。60年〜70年代のディオール、イヴ・サンローランが素敵で好きです。心の銘は『おしゃれは心の美容液』」

ジョッキースタイルで秋冬演出は完璧

Favorite item!

「ピアスは母の指輪をアレンジして手作りしました。コスチュームジュエリーを作っていたこともあるので、得意です」

鈴木 典香さん

Suzuki Norika Age 60

主婦業の傍らコンサルタント業など社長業を営む。オペラをやっていたことも。趣味は国内外の旅行。得意の料理をInstagramで発信中。

「新大人」に興味がある方はコチラから

Seize the Day 05

1人より2人 ワクワクの共有と恩送り

pay it forward

新しいメンバーと ボランティアの優しさが 次へとつないでいる

「新大人」名古屋※は
ペイフォワード制度。
気持ちを次の人に贈る
そんな気持ちでコミュニテイを
運営して行きたい。
この優しさと、誰かを応援したい気持ちを
贈り続ける事は
あなたにとっても次に来る方の為に、
恩送りできるということ。
招待されるコミュニティが「新大人」です。

※編集部注：「新大人」名古屋は旧名：BLANC758（ぶらんなごや）という名称でした。

酒井 亜矢さん
Sakai Aya Age 51

新大人名古屋の代表。
新大人名古屋の立ち上げから携わり、新大人世代イベント企画、サポートを幅広く手掛ける。
体質改善メソッド『リバエボ』講師。
Instagram @ayasakai_candyaya88
@ayagolf2020
（↑最近ハマっているゴルフ）

個々の力は少ないし
小さいけれど
集まれば
イノベーションが起こせる

一宮市本町商店街『おいちTSC（大島八重子先生の語りとファッションショー）』のリハーサル風景。酒井さん、モデルの皆さんも真剣な面持ち。

新大人の名古屋コミュニティ（旧名 BLANC758：ぶらんなごや。以下『新大人』）代表として様々なイベントをサポートし、人を繋げてきた酒井亜矢さんに聞きました。

――新大人に参加（所属）したきっかけは？

私が47歳の2019年当時、50歳には自分で何か興したいという気持ちから、zoom講座などを始め、その中のひとつにダイエットアドバイザーがありました。東京の知人を介し依頼があったことがきっかけで、新大人の運営会社の方たちと会うことになりました。「新大人用の宣材写真撮ってみたら？」とお誘いを受け、東京のスタジオで撮影した事が特別な体験になりました。その後通販番組などのお仕事が2回、3回目と決まりこの世界への扉が開いたと実感し始めました。

ある東京MTG時に、「名古屋で撮影会をしたいのですが、どうしたら良いですか？」と担当者に相談したところ、「新大人登録者が名古屋で20名集まったら、是非やりましょう！」と言われ、モデルになれる方々を探しはじめ、半年後に名古屋で初めての撮影会を開催することができました。

その後、名古屋の新大人の広報として通販番組の現場視察に呼んでもらいナマで見せて頂き感動しました！ 番組ってこんなに沢山の人が関わってるの!? 作り手側への興味が大きくなったのがこの時だったと思います。

――新大人名古屋の広報、そして代表としてどんなことに携わりましたか？

東京の知り合いを新大人に紹介した時、1人より2人でワクワクの共有ができたことが良い経験になり、名古屋で最初は手探り状態ながら、お友達を誘ってポートレート撮影とランチ会を運営しました。特別な料理を食べた時には拡散したくなるという確信からランチ会にしました。コロナ禍でもあり、SNSをしっかりつかいながら、毎週誰かの講座で学ぶ機会をつくり、それが少しずつ口コミで広がっていきました。

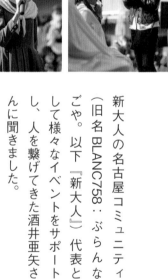

参加するモデルさん自身も楽しむことができるイベント。

他にはzoom講座をした仲間と挑戦したマルシェや、仲間のクラウドファンディングを一緒に応援したりしました。ひとつ後悔したことがあり、アパレル企業のSNSをサポートする中でTikTokも始めたのですが、この時恥ずかしがらず色々なダンスなどをしておけば今ごろバズっていたかもと…。（笑）

立ち上げに協力して頂いた仲間や、信頼してお友達を紹介して下さった皆様に感謝しています。

新大人を全国に広げたいと、3年間「花道セレクションというコンテスト」をサポートし、約250名のスピーチとウォーキングを審査したのも良い経験になりました。

――今回取材させていただいたイベント、『おいちTSC』についてお聞かせください。

50代から80代のモデルにお気に入りの服を着てもらい、胸を張って「この時代を生きて来た私」を自ら楽しむイベントで、メインモデルの5名は時代のファッションの移り変わりを表現し、15人のモデルさんは、スタイルを決めず、とにかく自分が好きな服で楽しみながらランウェイを歩いてもらうイベントです。

――イベントの苦労はどんなことがありますか？

おいちTSCの3日前に義理の両親が病院に搬送され（無事でした）たこともあり、イベントに迷惑をかけてしまうんじゃないかと内心ヒヤヒヤでした。

通常のイベントではやはり集客が一番の悩みですが、おいちTSCはギャラリーが集まる見込みがあったので、逆にいかに出演者自身が盛り上がるかを考えました。もう一つ大事なことが予算で、古着屋さんを一日中歩き回って衣装を探したりしました。最終的に衣装はモデルさんの私物でまかなえ、皆さんの協力が無ければ成り立たなかったと改めて思います。また森直子さん、瀧真由美さん、市議会議員の宇山先生たち、一宮を盛り上げてきた方々のおかげです。

――『新大人』のこれからをお聞かせください。

大人になるとなかなか新しい人たちに出逢うことが少なくなると思いますが、いつも一緒で

ランウェイを歩きたいという思いから人がつながり、動き出す

はなく、ここぞと言う時には協力してくれる仲間に出会えた事が私にとって一番の宝です。

個々の力は小さいけれど、集まればイノベーションが起こせると思います。普通の主婦や私達一般人が、何かのきっかけで何者かになれるチャンスが必ずあると思います。今まで主に裏方をやってきた私はやっぱり自分をアピールすることが苦手なんです…、それでも新大人名古屋のお仕事がもっと増えて、活躍できる方を輩出したいという気持ちで頑張っています。

新大人に出逢って、私に出逢って良かったと言って頂ける機会になれば嬉しいと思っています！

――「いつまでも元気にアクティブに生きる」が人生のテーマという酒井さん。今ゴルフにハマっていて「ゴルフが仕事になったり！　会社を作りたい！」といい、接待ゴルフされたり！　会社を作りたい！」という発言もあり、これからの新大人名古屋の活躍には欠かせない原動力になることでしょう。

「あなたの夢を応援する仲間作りのコミュニティへ！」名古屋発の『新大人』大輪の花

「誰かのお役に立ちたい、そんな想いの恩送りで幸せの循環をさせて新大人世代をもっと楽しく、生涯現役へ！」

Seize the Day 05

新大人図鑑

2023年12月19日　初版発行

発行者
尾﨑健太郎

プロデューサー
吉村昌幸　永嶋卓也

編集・制作
Tokyo29株式会社

編集長
千葉慎也

アートディレクター
峰村佐恵

編集
kanako
田中 誠
川越宏美
吉田洋子
浜野ありさ

ライティング
駒田美由紀
高安 唯
奈良敬人

スタイリング
taka

スタイリングアシスタント
菅野紅葉
猫山梅子

ヘアメイク
安藤由紀
KEI

撮影
石河正武
金子山
笠井浩司
松崎孝徳
碓井雄介
三浦健太郎

撮影アシスタント
小平 葵
郷りこ

発行所
株式会社新大人総研
〒104-0061
東京都中央区銀座四丁目 10 番 3 号 セントラルビル7F
TEL：03-6278-7004
http://shin-otona.jp/

発売元
株式会社らんくう
〒162-0808
東京都新宿区天神町 8 番地　神楽坂 U ビル 2 階
TEL：03-6457-5026
https://ranku.jp/

印刷・製本
株式会社シナノ

SpecialThanks
「新大人図鑑」の企画や取材対象として参加いただいた『新大人』のみなさま

Printed in Japan　ISBN978-4-910715-07-0